Vilas Parmar
Yogesh Jasrai

Micropropagação de Aloe barbadensis Mill: Uma técnica de multiplicação

Vilas Parmar
Yogesh Jasrai

Micropropagação de Aloe barbadensis Mill: Uma técnica de multiplicação

ScienciaScripts

Imprint

Cover image: www.ingimage.com

This book is a translation from the original published under ISBN 978-3-659-82768-6.

Publisher:
Sciencia Scripts
is a trademark of
Dodo Books Indian Ocean Ltd. and OmniScriptum S.R.L publishing group

120 High Road, East Finchley, London, N2 9ED, United Kingdom
Str. Armeneasca 28/1, office 1, Chisinau MD-2012, Republic of Moldova, Europe
Printed at: see last page
ISBN: 978-620-8-35679-8

Micropropagação de *Aloe barbadensis* Mill: Uma técnica importante para a multiplicação de plantas medicinais

Conteúdo

Cultura de tecidos de plantas: Uma ferramenta importante para o cultivo de plantas medicinais........ 3

Aloe barbadensis **Mill: Uma planta medicinal importante**.. 15

Micropropagação de *Aloe barbadensis* Mill: Uma das abordagens da cultura de tecidos de plantas... 25

REFERÊNCIAS 51

Cultura de tecidos de plantas: Uma ferramenta importante para o cultivo de plantas medicinais

As plantas são essenciais para o equilíbrio da natureza e para o nosso sustento. As plantas são a última fonte de alimento e de energia metabólica para quase todos os animais, que não podem fabricar os seus próprios alimentos. Para além de alimentos como os cereais, os frutos, os legumes e os produtos vegetais são vitais para os seres humanos. As plantas fornecem madeira, produtos de madeira, fibras, medicamentos, óleos, látex, corantes e resinas. O carvão e o petróleo são substâncias fósseis de origem vegetal. Assim, as plantas fornecem-nos não só o sustento, mas também abrigo, vestuário, medicamentos, combustível e matérias-primas a partir das quais são fabricados inúmeros outros produtos (Sharma et al, 1999).

O oxigénio do ar que respiramos provém da fotossíntese das plantas. A qualidade do ar e da água pode ser grandemente influenciada pelas plantas; estas protegem o solo da erosão causada por chuvas fortes. As plantas e as comunidades vegetais proporcionam o habitat necessário à vida selvagem e à população piscícola. Por conseguinte, as plantas e os seus produtos sempre influenciaram a cultura humana (Kapoor, 1990).

As plantas medicinais desempenham um papel vital na manutenção da saúde humana em todo o mundo. De facto, são de importância crucial nas comunidades pobres. As plantas medicinais também desempenham um papel cultural importante, bem como um papel económico importante. O conhecimento sobre a sua utilização está amplamente difundido e a sua eficácia é reconhecida, com base numa longa história de utilização (Chopra et al, 1956). Os medicamentos derivados de plantas incluem a aspirina, o taxol, a morfina, a reserpina, a colchicina, os digitálicos e a vincristina. Existem centenas de suplementos à base de plantas, como *o Ginkgo, a Equinácea, o Eucalipto*, o *Aloé, a Withania*, etc. (Kokate et al, 1997).

A cultura de saúde tradicional da Índia funciona através de duas correntes sociais. Uma é a corrente codificada, que inclui sistemas de medicina bem desenvolvidos como o Ayurveda, o

Siddha, o Unani e o Tibetano. A outra é a corrente folclórica enraizada no ecossistema. Por outras palavras, a rica experiência e sabedoria tradicionais do nosso país foram dedicadas ao sistema tradicional de medicamentos indianos, nomeadamente Ayurveda, Siddha e Unani (Koshy e Gupta, 2002). Em complemento aos portadores baseados nas aldeias, existem cerca de 5 00 000 médicos licenciados e registados nos sistemas codificados de medicina indiana. Estes sistemas codificados têm uma base teórica sofisticada (Bajaj et al, 1988).

Existem centenas de textos médicos e manuscritos sob a forma de Samhitas, Nighantus e Granthas escritos entre os séculos 7th e 16th e comentários regionais, incluindo textos especializados sobre Bhaisajya Kalpana (farmácia) que fornecem informações muito valiosas sobre plantas (Quadro 1). Existem mais de 25.000 produtos à base de plantas documentados na literatura médica. Em 1563, Garcia da orta, o médico pessoal do governador português na Índia, publicou a sua compilação "Colloquies on the Simples and Drugs of India". Seguiu-se Henrich Van Rheed, o governador holandês de Cochim, que publicou uma obra em 12 volumes sobre as plantas medicinais de Kerala (1678-1703) a partir de Amsterdão. Compilações sistémicas sobre plantas medicinais indianas foram realizadas anteriormente por Chopra et al (1956).

De acordo com um inquérito etno-biológico realizado pelo Ministério do Ambiente e das Florestas do Governo da Índia, existem mais de 8000 espécies de plantas utilizadas pela população indiana

Tabela-1: Literatura bem conhecida e número de plantas medicinais utilizadas.

Sr.No.	**Literatura**	**Período**	**Plantas medicinais utilizadas**
1	Rigveda	3500-1600 A.C.	67
2	Yajurveda	1000 A.C.	81
3	Atharveda	2000-1000 A.C.	290
4	Brahamana	800 A.C.	130
5	Chark Samhita	1000 A.C.	400-450
6	Sushrut Samhita	1000-500 A.C.	573
7	Dhanvantri Nighantu	5th século	373
8	Raja Nighantu	12th século	750
9	Madan Pala Nighantu	12th século	569
10	Bhav Prakas	16th século	476

(Chaplot, 2007)

A Organização Mundial de Saúde (OMS) estimou que 80% da população dos países em desenvolvimento ainda depende de medicamentos tradicionais, na sua maioria drogas vegetais, para as suas necessidades de cuidados de saúde primários. Além disso, a farmacopeia moderna contém pelo menos 25% de medicamentos derivados de plantas. A procura de plantas medicinais está a aumentar em ambos os países em desenvolvimento devido ao reconhecimento crescente de que os produtos naturais não são tóxicos, não têm efeitos secundários, estão facilmente disponíveis e a preços acessíveis.

O cultivo de plantas medicinais é necessário pelas seguintes razões (Kokate et al, 1997)

i. Na natureza, existe uma grande variação entre as plantas no que diz respeito ao seu princípio ativo. Como apenas as melhores são utilizadas para o cultivo, isso permite-nos obter matérias-primas de qualidade homogénea e de elevada potência.

ii. É fácil de cultivar e cumprir o compromisso de fornecimento em grande escala através de fontes cultivadas e não de recursos naturais, que dependem principalmente da natureza para a sua regeneração e disponibilidade.

iii. Em muitos casos, os colectores de plantas estão envolvidos em métodos destrutivos de recolha/extração, que resultaram na extinção de muitas plantas ou na sua inclusão na lista de espécies ameaçadas.

iv. A pressão crescente da população/urbanização e o desenvolvimento de estradas para áreas remotas resultaram na desflorestação e na perda de recursos vegetais naturais.

v. Apesar de as nossas florestas constituírem uma importante base de recursos para as plantas medicinais, uma vez que muitas delas surgem na natureza, a importância destas tem sido atribuída aos organismos governamentais.

Entre as várias plantas medicinais, o *Aloe barbadensis* Mill (*Aloe vera* L) é a planta mais útil. Em todo o mundo, *o Aloe barbadensis* Mill, tanto a granel como em extractos, é amplamente utilizado nas indústrias alimentar, cosmética, de cuidados de saúde, de cuidados da pele e médica. O sumo das folhas de diferentes espécies produz uma substância medicinal denominada droga-Aloe. O fármaco contém derivados de antraceno que se encontram livres ou sob a forma de glicosídeos, geralmente glucose (Fairbrain, 1949; Capasso e Donatelli, 1982). *O Aloe barbadensis* Mill tem várias actividades biológicas, tais como efeitos anti-sépticos (saponinas e antraquinonas), anti-tumorais (muco-polissacáridos), anti-inflamatórios (esteróides e ácido salicílico), anti-oxidantes (vitaminas) e imuno-reguladores (gluco-mananos). É também um ingrediente ativo para efeitos extra terapêuticos, higiénicos, rejuvenescedores e de melhoria da saúde. *O Aloe barbadensis* Mill foi o mais importante em 1557 novos produtos lançados a nível mundial em 2001-2002. A indústria mundial do *Aloé* incluía 27000 empresas, cujo volume de negócios ultrapassou os 33 mil milhões de dólares em 2001.

Devido ao vasto espetro de aplicação na saúde humana, os produtos que contêm compostos *de Aloe barbadensis* Mill têm mostrado uma forte procura nos mercados nacional e internacional. Por conseguinte, é possível prever uma procura crescente de biomassa de *Aloe barbadensis* Mill de elevada qualidade nos mercados locais. De acordo com o International *Aloe* Science Council (IASC), o valor da matéria-prima do *Aloé* é atualmente de 7090 milhões de dólares a nível mundial e deverá aumentar 35% nos próximos cinco anos. No mercado de produtos acabados, estima-se que *o Aloé* será superior a 35 mil milhões de dólares a nível mundial num futuro próximo (Chaplot, 2007).

Para ultrapassar este constrangimento, o rendimento elevado deve ser um objetivo a perseguir nos sistemas de cultura convencionais de *Aloe barbadensis* Mill, bem como o alargamento da área cultivada. Assim, é necessário efetuar o cultivo de *Aloe* em grande escala. *A Aloe barbadensis* Mill tem uma geração vegetativa longa e um baixo potencial de recombinação (Lucia et al, 1990). A propagação natural do *Aloe barbadensis* Mill faz-se principalmente por meio de rebentos (Aggarwal e Barna, 2004). Trata-se de uma tarefa morosa e fastidiosa, bem como de um inconveniente obviamente significativo para efeitos de produção em grande escala de material de propagação de plantas. De facto, isto pode ser mais facilmente visualizado quando se pretende obter material de propagação para, por exemplo, 1 hector, com uma densidade de plantas de 12.000 a 16.000 plantas/hector, como normalmente se encontra nos sistemas de produção comercial. Além disso, espera-se que ocorra uma maior incidência de doenças devido às lesões causadas na planta doadora após a retirada dos brotos laterais (Compestrini et al, 2006). Além disso, alguns outros factores também actuam como inibidores dos métodos de reprodução convencionais, como a esterilidade masculina citoplasmática (Keijzer e Cresti, 1987) e o aborto embrionário de alguns híbridos interespecíficos (Reynolds, 1966). Devido à sua forte exploração e ao aumento constante da procura, a taxa de produção de plantas *de Aloé* é insuficiente para a plantação comercial. Assim, é necessário efetuar um cultivo de *Aloé* em grande escala e a técnica *in vitro* oferece uma possibilidade de resolver estes problemas.

As técnicas de cultura de tecidos estão a tornar-se mais populares como meio alternativo de propagação vegetativa de plantas. A ideia de cultura de células e tecidos foi cunhada pelo fisiologista de plantas alemão Gattlieb Haberlandt (1854-1945), que é considerado o pai da cultura de tecidos de plantas (Chawla, 2002). A cultura de tecidos é utilizada no seu sentido mais lato para incluir a cultura asséptica de partes de plantas de complexidades organizacionais muito diferentes, incluindo condições controladas (Gamborg e Phillips, 1996).

Nas últimas três décadas, assistiu-se a um aumento muito rápido do número de cientistas de plantas que utilizam as técnicas de cultura de órgãos, tecidos e células para o melhoramento das plantas.

As técnicas de cultura de tecidos têm sido exploradas para aumentar o número de reservas desejáveis de germoplasma disponíveis para o obtentor de plantas, para criar variabilidade genética para programas de melhoramento de plantas e para melhorar o estado de saúde dos materiais de plantação (Kannan, 1998).

O termo "cultura de tecidos vegetais" refere-se, em termos gerais, à cultura *in vitro* de plantas, sementes, partes de plantas (tecidos, órgãos, embriões, células individuais, protoplastos, etc.) em meios nutritivos em condições assépticas (Chawla, 2002).

A história da cultura de tecidos de plantas começa com o conceito de teoria celular dado independentemente por Schlieden (1838) e Schwann (1839) que estabeleceu a célula como uma unidade funcional. Isto implica que as células são autónomas. O conceito foi testado experimentalmente por Haberlandt 130 anos mais tarde, que concebeu a ideia de cultivar células, tecidos e órgãos de plantas e está associado ao desenvolvimento dos nossos conhecimentos sobre as necessidades nutricionais das células vegetais, à descoberta de factores reguladores do crescimento, a ferramentas e técnicas analíticas e ao desenvolvimento da microscopia (Dixon e Gonzales, 2002).

O princípio da cultura de tecidos baseia-se na teoria celular de Schlieden (1838) e Schwann (1839), que também incorporou o conceito de totipotência. A totipotência afirma que cada célula da planta tem potencial para se regenerar numa planta inteira. A multiplicação em massa de plantas de valor económico através da micropropagação baseia-se no princípio da totipotência. Toda a área da investigação agrícola se baseia também na totipotência das células vegetais (Mhatre et al, 1998). Pensa-se que a expressão da totipotência das células vegetais depende da interação das substâncias de crescimento das plantas que controlam a morfogénese (Ownes et al, 1990).

Entre as várias aplicações da cultura de tecidos vegetais, a micropropagação de espécies vegetais atingiu o estatuto de grande indústria baseada em plantas. Os desenvolvimentos no estudo de vários aspectos do crescimento e diferenciação das plantas foram rápidos durante as décadas de 1960 e 1970 (Chand, 2000).

Micropropagação:

A micropropagação ou propagação clonal é um aspeto específico da cultura de tecidos vegetais que trata da multiplicação vegetativa asséptica de plantas *in vitro*. A sua aplicação consiste em produzir um grande número de plantas assépticas verdadeiras em tempo e espaço limitados.

A propagação clonal *in vitro* é designada por micropropagação. Webber utilizou pela primeira vez a palavra "clone" para designar plantas cultivadas que eram propagadas vegetativamente. Clone significa galho, borrifo ou estaca, como os que são quebrados como propágulos para multiplicação. Significa que as plantas cultivadas a partir dessas partes vegetativas não são indivíduos no sentido moderno, mas são simplesmente partes transplantadas do mesmo indivíduo e essas plantas são idênticas. Assim, a propagação clonal é a multiplicação de indivíduos geneticamente idênticos por reprodução assexuada. Murashige (1974) delineou três fases principais envolvidas na micropropagação (Fig-1)

Fase I: seleção de explantes adequados, sua esterilização e

transferência para meios nutritivos para estabelecimento. Isto significa o início de uma cultura estéril do explante selecionado.

Fase II: proliferação ou multiplicação de rebentos a partir da explante em meio.

Fase III: transferência dos rebentos para um meio de enraizamento seguido de plantação no solo.

A micropropagação e a regeneração de plantas podem ser agrupadas nas seguintes categorias

i. **Aumento da libertação da proliferação de gemas axilares**: ou seja, multiplicação através do crescimento e proliferação de meristemas existentes através de cultura de pontas de rebentos, cultura de nós únicos/gemas axilares.

ii. **Organogénese:** É a formação de órgãos individuais, tais como rebentos e raízes, a partir do explante, direta ou indiretamente através de calo.

iii. **Embriogénese somática**: É a formação de uma estrutura bipolar contendo meristemas de rebento e de raiz, quer diretamente a partir do explante, quer de *novo* a partir do explante. O meristema apical mantém-se e dá origem a novos tecidos e órgãos e comunica sinais para o resto da planta (Medford, 1992). O meristema apical de um rebento é a porção distal ao primórdio da folha mais jovem (Cutter, 1965) e tem cerca de 100 µm de diâmetro e 250 µm de comprimento (Quak, 1977) com 800-1200 células. O termo cultura de ponta de meristema foi sugerido para distinguir dos grandes explantes utilizados na propagação convencional. Em geral, os clones de plantas derivados do ápice do rebento

as culturas são fenotipicamente homogéneas, o que indica estabilidade genética. Uma vez que, no entanto, pelo menos para alguns caracteres, não é de esperar qualquer alteração fenotípica ao nível da poliploidia, um meio mais satisfatório de verificar a estabilidade nuclear num clone é a determinação do número de cromossomas (Reinert e Bajaj, 1986).

Fig-1: Etapas da micropropagação propostas por Murashige (1974)
Seleção da planta-mãe

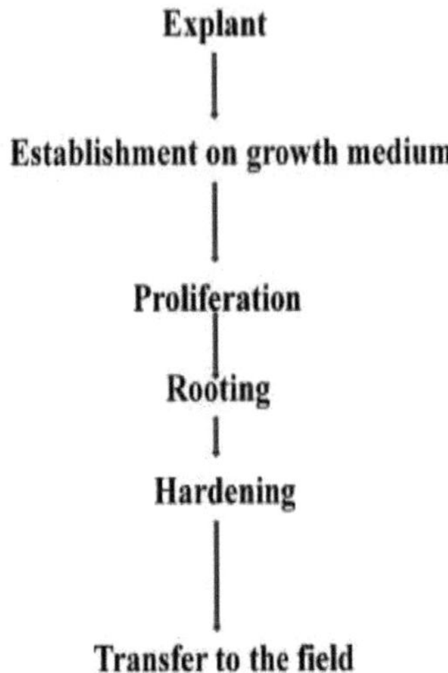

A cultura de meristemas permite o estabelecimento de clones isentos de agentes patogénicos, pelo que se espera que a técnica seja de grande utilidade para a conservação a longo prazo de reservas genéticas em bancos de genes de plantas propagadas vegetativamente (Morel, 1960). Morel e Martin (1952) desenvolveram a técnica da cultura de meristemas para a erradicação *in vivo* de vírus *em Dahlia.* George Morel (1960) foi o pioneiro na aplicação desta cultura de pontas de rebentos para a micropropagação da orquídea *Cymbidium.* Este método tem sido mais bem sucedido em plantas herbáceas devido à fraca dominância apical e forte capacidade de regeneração de raízes, em comparação com espécies lenhosas (Chawla, 2002).

Um protocolo geral de cultura de pontas de rebentos estabelecido para *Aloe* foi demonstrado na Fig-2.

Várias vantagens da micropropagação:

i. A multiplicação de rebentos pode ser conseguida num espaço pequeno porque são produzidas plântulas em miniatura.

ii. A propagação é efectuada em condições estéreis. Não há danos causados por insectos e doenças, e as plântulas produzidas estão isentas de micróbios.

iii. Através da eliminação do vírus por cultura de meristemas, é possível obter um grande número de plantas isentas de vírus.

iv. As culturas são efectuadas em condições definidas de ambiente, nutrição e sistema de tecidos; por conseguinte, trata-se de um sistema altamente reprodutível sob um conjunto definido de condições.

v. Esta produção não é afetada por variações sazonais, uma vez que são mantidas condições uniformes.

vi. Não são necessários cuidados entre duas subculturas em comparação com o sistema de propagação vegetativa convencional, como rega e monda.

vii. As pequenas estufas são suficientes devido ao tamanho miniatura das plântulas.

viii. A planta-mãe ou o genótipo da planta-mãe podem ser armazenados e mantidos *in vitro* sem serem danificados pelos factores ambientais e pelas plantas-mãe.

ix. As plantas que são difíceis de propagar vegetativamente (recalcitrantes) pelo método convencional também podem ser propagadas por este método.

Várias espécies de plantas (lenhosas e herbáceas) foram propagadas com sucesso através da micropropagação, por exemplo, *bambu* (Raste et al, 1998), *Emblica officinalis* (Jasrai et al, 1998), *Morus laevigata* (Ahlawat et al, 1999), *Azadericta indica* (Sharma et al, 1999), *Leucaena leucocephalla* (Bhat et al, 2000), *Courupita guianensis* (Kathiravan et al, 2000), *espécies de Acacia* (Beak et al. 2001), *Lagerstomia parviflora* (Tiwari et al, 2001), *Phyllanthus amarphus* (Bhattacharya et al, 2001), *Jatropha curcus* (Rajor et al, 2002), *Centella asiatica* (Nath et al, 2003), *Rose* (Roy, 2004).

Quadro 2: Marcos históricos da investigação em cultura de tecidos de plantas

Ano	Autor	Trabalho
1902	Haberlandt Gettlieb	Criou o conceito de cultura de células e foi o primeiro a tentar cultivar células vegetais isoladas *in vitro* num meio artificial contendo glucose, peptona e solução salina de Knop
1934	Kogl et al	Determinação da natureza química das IAA
1939	Schwann (White, 1954)	Expressou o ponto de vista de que cada célula viva de um organismo multicelular deve ser capaz de se desenvolver de forma independente se lhe forem proporcionadas condições externas adequadas
1939	Branco	Estabelecimento de massas de tecido não organizadas a longo prazo ou calos de tabaco
1939	Gautheret	Estabelecimento de massas de tecido não organizadas a longo prazo ou calos de batata e cenoura
1941	Van Overbeek	Descoberta do endosperma líquido extraído do coco
1946	Bola	Demonstrou as possibilidades de regeneração de plantas a partir de explantes isolados de ápices de rebentos de angiospérmicas
1949	Wetmore e Morel	Plantas inteiras regeneradas a partir de rebentos com 100-250 μM de comprimento e com um ou dois primórdios foliares
1957	Skoog e Miller	Regulação da formação de rebentos e raízes a partir de calos/tecidos cultivados, variando a proporção de auxina e citocinina no meio
1960	Jones et al	Crescimento induzido em células individuais como gotas de retorno na microcâmara
1960	Bergmann	Células isoladas misturadas com ágar em petridish
1960	Morel	Estabelecimento e aplicação de culturas de ápices de rebentos para a multiplicação clonal de orquídeas *cymbidium*
1962	Murashige e Skoog	Propôs um meio revisto que facilita o crescimento celular de muitos tipos de tecidos
1966	Guha e	Grande número de embriões de pólen e microsporogénicos
	Maheshwari	tecidos da antera foi produzido
1967	Bourgin e Nitsch	Realizou trabalhos semelhantes aos de Guha e Maheshwari
1969	Morgan	Uma célula totipotente é aquela que é capaz de se desenvolver

		por regeneração num organismo completo (Krikorian e Berquam, (1969)
1970	Power et al	Primeira realização da fusão de protoplastos
1971	Takabe et al	Regeneração das primeiras plantas a partir de protoplastos
1972	Carlson et al	Primeiro relato de hibridação interespecífica através da fusão de protoplastos em duas espécies de *Nicotiana*
1972	Berg et al	Primeira molécula de ADN recombinante produzida com enzimas de restrição (Chawla, 2002)
1974	Zaenen et al e Larebeke et al	Descoberta de que o plasmídeo Ti é o princípio indutor de tumor da *Agrobacterium*
1977	Maxam e Gilbert	Um método de sequenciação de genes baseado na degradação da cadeia de ADN
1981	Larkin e Scowcroft	Introdução do termo variação somaclonal
1983	Mullis	A reação em cadeia da polimerase (PCR), um processo químico de amplificação do ADN, ideia concebida
1995	Vos et al	Desenvolvimento da impressão digital de ADN por polimorfismo de comprimento de fragmento amplificado (AFLP)

Fig-2 Protocolo geral de cultura de pontas de rebentos

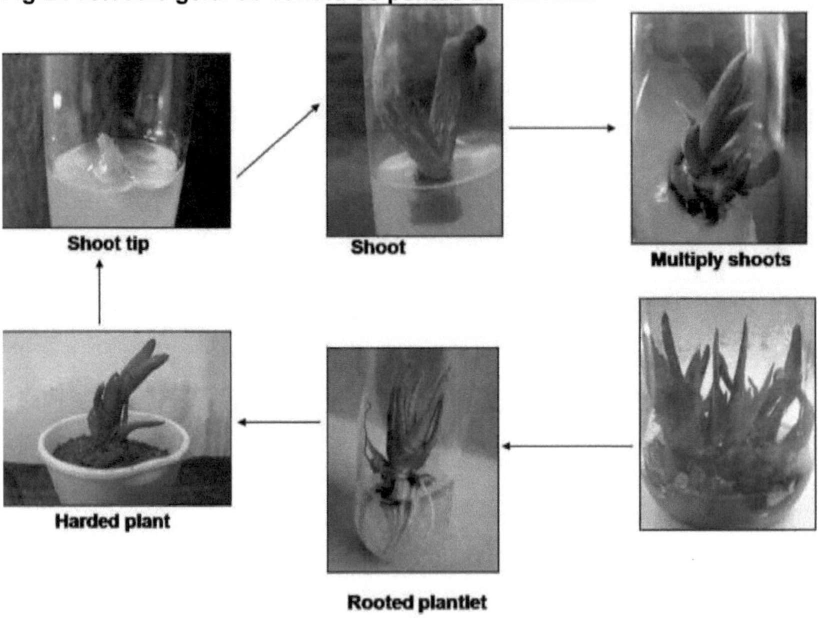

Shoot tip

Shoot

Multiply shoots

Harded plant

Rooted plantlet

Aloe barbadensis Mill: Uma importante planta medicinal

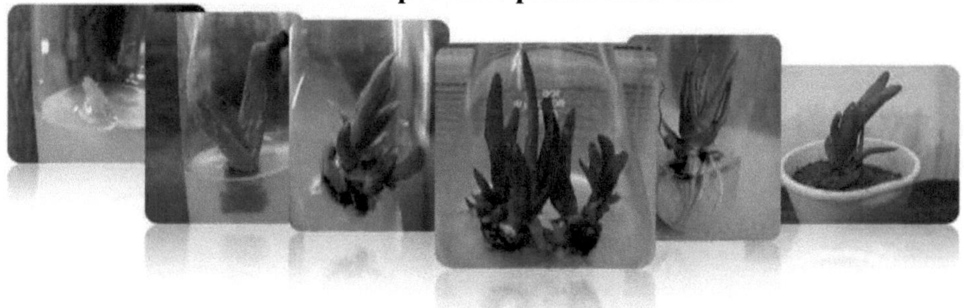

O Aloe barbadensis Mill (sinónimo *Aloe vera* L) é conhecido como Kumari na Ayurveda. Trata-se de uma importante erva medicinal perene pertencente à família Liliaceae. As folhas *de Aloé* contêm metabolitos secundários muito úteis, como os derivados do antraceno, que se apresentam livres ou sob a forma de glicosídeos. Devido às suas actividades anti-inflamatórias, anti-cancerígenas, antivirais, anti-bacterianas, imunitárias e de eliminação de parasitas16 , *o Aloé* é amplamente utilizado não só na Índia mas também em todo o mundo. *O Aloe barbadensis* Mill é um xerófito, sendo resistente, pode ser cultivado em todos os tipos de solos. O estado progressista de Gujarat tem grandes extensões de condições agro-climáticas áridas, que podem ser utilizadas para o cultivo extensivo de *Aloe barbadensis* Mill. Na natureza, a propagação do *Aloe barbadensis* Mill faz-se principalmente por meio de rebentos. Mas a taxa de propagação é lenta, uma vez que uma única planta pode produzir apenas 3-4 rebentos num ano. Devido à sua grande exploração e ao aumento constante da procura, a taxa de produção de plantas *de Aloe* é insuficiente para a plantação comercial. Assim, é necessário efetuar a multiplicação e o cultivo de *Aloé* em grande escala.

***Aloe barbadensis* Mill (*Aloe vera* L)**

Classificação:

Reino - Planta

Sub-reino - Angiospérmicas

Classe - Monocotiledóneas

Série - Coronarieae

Família - Liliaceae

Género - *Aloé*

Espécie - *barbadensis*

Nome científico - *Aloe barbadensis* Mill

O género *Aloe* compreende cerca de 300 espécies perenes (Reynolds, 1982). Tais como *A. ferox, A. spicata, A. barbadensis, A. africana, A. arborescens, A. chinensis, A. polyphylla*, etc.

Sinónimos: *Aloe indica* Royle, *Aloe littoralis* Koening, *Aloe vera* Tourn ex Linn, *Aloe vulgaris* (Lam), *Aloe vera* (L) Webb & Berth.

Nomes comuns: planta para queimaduras, planta de primeiros socorros.

Origem e distribuição:

Originária do Norte de África, da região mediterrânica do Sul da Europa e das Ilhas Canárias. Atualmente, é cultivada nas Antilhas, na América tropical e nas regiões tropicais em geral.

História:

O Aloé barbadensis Mill tem uma longa história. O primeiro documento sobre o *Aloé* foi encontrado na cidade de Nippur, onde uma tabuleta de argila suméria incluía *o Aloé barbadensis* Mill, entre as plantas de grande poder curativo, escrita por volta de 2200 AC. Presume-se que por volta de 1550 a.C. o papiro Ebers, um egípcio, documentou a discussão pormenorizada dos valores medicinais *do Aloé'* s, que incluía doze fórmulas para misturar *Aloé* com outros agentes para tratamento interno e externo (Kapoor, 1990). Os gregos conheciam *o Aloe barbadensis* Mill em 400 a.C. Aristóteles persuadiu Alexandre a ocupar a ilha de Socotra, que produzia *Aloe. A Aloe barbadensis* Mill era conhecida por Celsius, Dioscórides e Plínio, bem como por autores gregos posteriores e médicos árabes. No século 10th , *o Aloé* foi recomendado a Alfredo, o Grande, pelo Patriarca de Jerusalém. No século XVIIth foi estabelecida uma ligação direta entre Socotra e Inglaterra. *O Aloés de Barbados* apareceu pela primeira vez em Londres e *o Aloés do Cabo* tornou-se oficial na Grã-Bretanha em 1932 (Kokate et al, 1997).

Quadro 3: Nomenclatura vernácula de *Aloe barbadensis* Mill

Sr. não.	Língua	Nomenclatura
1	Hindi	Musabhar,Ghikanvar
2	bengali	Ghirta kumari
3	Inglês	Aloé indiano, Aloé de Barbodos, Aloé de Jafarabad, Aloé de Curcacao
4	gujarati	Kuwar patto
5	Kanand	Kolasoare, Komarika, Maulisara
6	Malayalum	Kattavazha
7	Marati	Korphad
8	Oudia	Kumari, Musahaboro
9	sânscrito	Ghirta-kumari, Kumari, Ajara, Amara, Bhrngesta, Vipulasrava, Brahmhaghni, Taruni, Grhankanya, Grhakumari, Bala, Mrdu, Saruna, Atipittala, Kapila, Vistari, Vira
10	Tamil	Chirukattalai, Kattalai.

(Chaplot, 2007)

A palavra *Aloé* tem origem na palavra árabe alloch que significa uma substância brilhante e amarga. Entre as diferentes espécies, *vera* significa verdadeiro, *ferox* significa selvagem, *spicata* refere-se a flores em espiga e *barbadensis* e *africana* referem-se ao habitat da planta. Entre as utilizações folclóricas, foi referido que na região do Congo, em África, os nativos costumavam esfregar a mucilagem das folhas para reduzir a transpiração e mascarar o odor humano, oferecendo assim proteção contra animais selvagens. Também se sabe que *o Aloe barbadensis* Mill era utilizado juntamente com queimaduras para curar olhos doridos (Kokate et al, 1997).

Morfologia:

É uma planta suculenta, xerófita e perene, sem caule ou com caule muito curto (Pandey, 2003).

i. Planta que cresce até 80-100cm de altura.

ii. A planta tem várias raízes tuberosas e muitas raízes fibrosas de suporte.

iii. Tem folhas verdes, grandes e túrgidas, em forma de roseta.

iv. As folhas são poucas, sésseis, densamente coroadas no caule curto, com bases largas e dilatadas, espalhando-se por baixo e depois ascendendo.

v. As folhas têm 20-60 cm de comprimento, são verdes glaucosas, estreitas a longamente lanceoladas, acuminadas e lisas, com exceção dos dentes espinhosos na margem, e têm uma cutícula espessa e lisa.

vi. A planta adulta produz inflorescências longas (50-100cm).

vii. As flores são de tonalidades que variam do vermelho-alaranjado ao amarelo. Corola, cilíndrica, bissexual com epi-calyx.

viii. Os estames são seis, protogínicos.

ix. Ovário superior.

x. As flores da inflorescência são em racemos densos que terminam nos caules.

Composição química e componentes activos:

Em geral, a planta *de Aloé* é a fonte de duas preparações à base de plantas

i. Gel *de Aloé*: o gel transparente ou substâncias mucilaginosas produzidas por células parenquimatosas localizadas na região central da folha.

ii. Látex *de Aloé*: uma substância amarela amarga produzida pela epiderme externa da folha de células tubulares pericíclicas (Wendell e Combest, 2000).

O gel é composto principalmente por 99% de água e monossacáridos e polissacáridos (25% do peso seco do gel). O monossacárido mais proeminente é a manose-6-fosfato e os polissacáridos mais comuns são os glucomananos (Wendell e Combest, 2000). Além disso, um novo composto anti-inflamatório, a C-glucosil cromona, foi recentemente isolado do gel *de Aloé*. O gel de Aloé também contém lignanas, ácido salicílico, saponinas, esteróis e triterpenóides. O gel fresco contém a enzima proteolítica carboxipeptidase, glutatião peroxidase, bem como várias isozimas de superóxido dismutase (Wendell e Combest, 2000). O gel contém igualmente vitaminas A, C, E, B12, tiamina, niacina e ácido fólico, bem como os minerais sódio, potássio, cálcio, manganês, cobre, zinco, crómio e ferro. O acemannan, um polissacárido que contém manos, foi referido como a principal substância ativa presente no gel *de Aloé*. O acemannan é conhecido comercialmente como carrysin.

O látex *de Aloé* contém uma série de glicosídeos conhecidos como antraquinonas, sendo as mais proeminentes a aloína A (barbaloína) e a aloína B (isobarbaloína) (Fig. 3). Existem derivados hidroxilantracénicos (25-40%). A barbaloína é o principal glicosídeo da aloína, que é solúvel em água, e a isobarbaloína é um composto instável. Além disso, estão também presentes (3-4%) 7-hidroxialoínas A e B, Aloe-emodina, resinas, Aloesina e a sua glicona Aloesona, derivados de cromona e crisofenol (Compestrini et al, 2006).

Parte utilizada:

Planta inteira, sumo seco das folhas, polpa e raiz.

Tabela- 4: Propriedades ayurvédicas

Propriedades ayurvédicas	**Descrição**
Rasa (sabor)	Tikta (amargo), Katu (picante), Mdhura (doce)
Gunna (propriedades)	Guru, Snigdha (untuoso), Picchila
Veerya (potência)	Sita (arrefecimento)
Vipaaka (propriedades após a digestão)	Katu (picante)

(Anónimo, 1994; Anónimo, 1976)

Singularidade:

Os produtos preparados a partir das folhas *de Aloe barbadensis* Mill têm múltiplas propriedades, tais como emoliente, purgante, anti-bacteriana, anti-inflamatória, anti-oxidante, anestésica, afrodisíaca, anti- helméntica, anti-fúngica, anti-séptica e cosmética (Reynolds e Dweck, 1999).

A maior parte do conteúdo da planta é água (96%) e o resto são ingredientes activos como 75 nutrientes, 200 compostos activos, incluindo 20 minerais, 18 aminoácidos, 12 vitaminas e cerca de 92 enzimas (Fairbrain, 1949).

Utilizações comestíveis:

i. As folhas foram cozinhadas. São um alimento de emergência que só se utiliza quando tudo o resto falha.

ii. O gel das folhas é por vezes utilizado como ingrediente de geleias comerciais.

iii. No Japão, *o Aloe barbadensis* Mill é normalmente utilizado como ingrediente em iogurtes disponíveis no mercado. Existem também muitas empresas que produzem bebidas à base de *Aloe barbadensis* Mill.

iv. No Paquistão, a planta é utilizada há séculos como carminativo e auxiliar digestivo. O gel seco é misturado com sementes de várias ervas e consumido após uma refeição.

v. As pessoas do estado do Rajastão, na Índia, preparam vegetais a partir de *Aloe barbadensis* Mill e com sementes de feno-grego.

vi. As pessoas em Tamilnadu, outro estado da Índia, preparam um caril com *Aloe barbadensis* Mill, que é consumido juntamente com pão indiano e arroz.

vii. Algumas bebidas populares, como o daiquiri de morango da SoBe, contêm *Aloe barbadensis* Mill. No México, os batidos feitos de *Aloe barbadensis* Mill são bastante comuns (Krithikar e Basu, 1975).

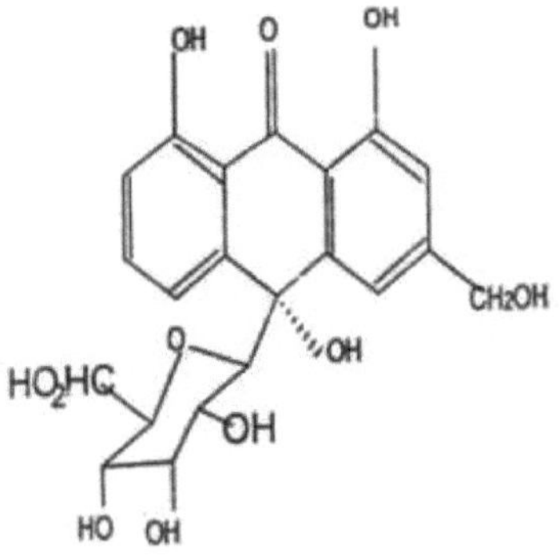

Aloin A

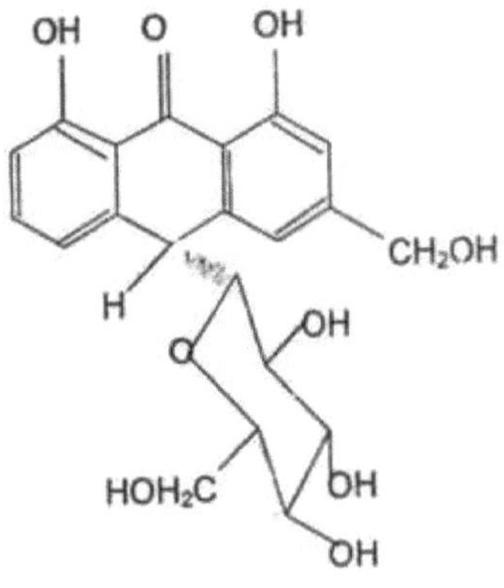

Aloin B

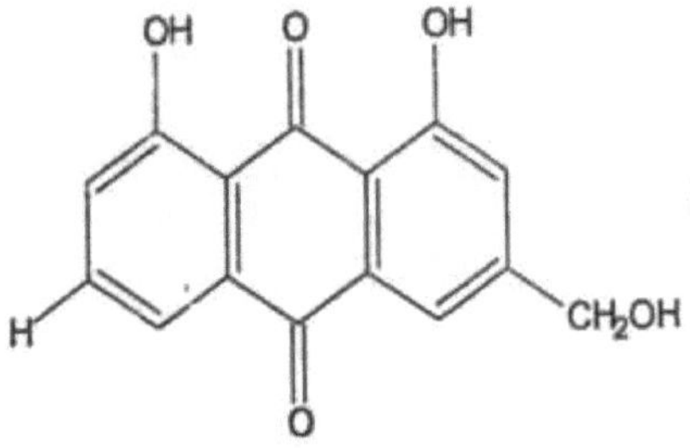

Aloe emodine

Fig-3: Estrutura dos compostos activos

Utilizações medicinais:

i. Aplicações externas:

A utilização externa dos produtos *de Aloé* é principalmente como cicatrizante da pele e para uso cosmético.

a. O efeito cicatrizante dos produtos à base de *Aloé barbadensis* Mill deve-se à sua capacidade de prevenir lesões nos tecidos epiteliais e promover a cicatrização dos tecidos lesionados

b. Acalma uma variedade de doenças de pele, como cortes ligeiros, picadas de insectos, contusões, veneno e eczema.

c. Os cosmetologistas chamam-lhe a água da juventude, devido às suas propriedades antirrugas. A sua taxa de absorção na pele é quatro vezes superior à da água, o que a torna um bom hidratante.

d. Além disso, actua como agente anti-envelhecimento ao estimular os fibroblastos, que ajudam no fabrico de colagénio, a proteína que controla o processo de envelhecimento da pele.

e. A lavagem dos olhos com *Aloé* pode proteger os olhos dos raios ultravioleta provenientes do sol.

(Liao et al, 1999)

ii. Aplicações internas:

a. Os produtos *de Aloe barbadensis* Mill podem ser tomados internamente sob a forma de pó, comprimidos e sumos.

b. O sumo e o suplemento alimentar de *Aloe barbadensis* Mill são muito úteis para a irritação do aparelho digestivo, como a colite e as úlceras pépticas.

c. Facilita igualmente a digestão, a circulação sanguínea e linfática e o funcionamento dos rins, do fígado e da vesícula biliar.

d. O exsudado é utilizado para helmintíases e doenças anti-helmínticas em crianças.

e. A polpa misturada com mel e curcuma é recomendada em tosses e constipações (Raina, 1982).

f. Um doce preparado a partir da polpa das folhas é também dado em montes.

iii. Outras utilizações:

a. As empresas de cosméticos adicionam a seiva e outros derivados do *Aloe barbadensis* Mill a produtos como maquilhagem, lenços de papel, hidratantes, sabonetes, loções, protectores solares e champôs.

b. O gel de *Aloé barbadensis* Mill também é considerado útil para a pele seca, especialmente eczema, à volta dos olhos e pele facial sensível.

Cultivo:

Para o cultivo de *Aloé*, são utilizados rebentos de raiz para propagação. *O Aloe barbadensis* Mill é uma xerófita que, sendo resistente, pode ser cultivada em todos os tipos de solo. Geralmente, requer solos bem drenados e uma posição muito solarenga. As plantas são tolerantes a solos pobres. Tem sido cultivada em quase todas as regiões da Índia. Foi encontrada a crescer selvagem em sebes em condições secas. Também tem sido cultivada mesmo em condições de seca constante. No entanto, não sobrevive a temperaturas negativas. A altura ideal para a plantação é após a estação das chuvas (Pandey, 2003).

Propagação: A propagação convencional é geralmente feita através de rebentos de raiz ou plântulas enraizadas (perfilhos laterais). Observa-se uma grande quantidade de esterilidade masculina devido a irregularidades durante a mitose do pólen e falha na frutificação (Sapre, 1975).

Colheita:

As plantas podem ser colhidas em cada 6 a 8 semanas, retirando 3 a 4 folhas por planta.

Rendimento: Quase 10 toneladas de planta inteira durante 12 a 15 meses por hectare.

A procura crescente de produtos de Aloé, a lentidão da propagação convencional, a esterilidade masculina generalizada e as variações na quantidade de componentes activos nas diferentes variedades de *Aloé* provocaram a necessidade de realizar um cultivo de *Aloé* em grande escala. Assim, a grande necessidade de plantação *de Aloé* pode ser satisfeita pelo método de micropropagação, um instrumento promissor da biotecnologia.

Abordagens *in vitro*:

Foram efectuados alguns trabalhos sobre a cultura *in vitro* de espécies de *Aloe*. O estabelecimento de culturas primárias tem sido o maior constrangimento, provavelmente devido à exsudação de substâncias fenólicas do explante para o meio de cultura, resultando na morte do explante. Foram compilados relatórios anteriores (Quadro 5).

Tabela-5: Trabalhos publicados sobre a cultura *in vitro* de espécies *de Aloe*

Ano	Autor	Trabalho
***Aloe arborescens* Mill**		
1993	Kawai et al	Cultura de tecidos de *A. arborescens* Mill.
1994	Corneanu et al	Organogénese *in vitro* de *Aloe arborescens* Mill.
2005	Velcheva et al	Regeneração de *Aloe arborescens* Mill através de organogénese somática a partir de inflorescências jovens.
***Aloe barbadensis* Mill**		
1965	Linsmair e Skoog	Regeneração de rebentos a partir de calos em meio suplementado com 0,2 mg/l 2, 4-D e 1 mg/l kin.
1988	Sanchez et al	Cultura *in vitro* e micropropagação de *Aloe barbadensis* Mill Capacidades morfogenéticas e teor de ADN nuclear.
1988	Castoreña et al	Cultura *in vitro* de *Aloe barbadensis* Mill Capacidade morfogenética e teor de ADN.
1990	Lúcia et al	Cultura *in vitro* de *Aloe barbadensis* Mill Micropropagação a partir de meristemas vegetativos.
1990	Gui et al	Estudos sobre cultura de tecidos de caule e organogénese de *Aloe vera* L.
1991	Meyer e Staden	Propagação rápida *in vitro* de *Aloe barbadensis* Mill
1991	Roy e Sarkar	Regeneração *in vitro* e micropropagação de *Aloe vera* L
1995	Hirimburegama e Gamage	Multiplicação *in vitro* de pontas de meristema *de Aloe vera* L para propagação em massa.
1995	Richwine et al	Estabelecimento de culturas de rebentos *de Aloe, Gasteria e Haworthia* a partir de inflorescências.
1999	Zhou et al	Propagação assexuada rápida de *Aloe vera* L.
2001	Chaudhuri e Mukundan	*Aloe vera* L- Micropropagação e caraterização do seu gel.
2002	Araújo et al	Micropropagação de babosa (*Aloe vera* L*).*
2004	Fattahi et al	Introdução dos meios de cultura mais adequados para a micropropagação de uma planta medicinal *Aloé (Aloe barbadensis* Mill*)*
2004	Aggarwal e Barna	Propagação em cultura de tecidos da planta Elite de *Aloe vera* L
2004	Wenping et al	Um estudo preliminar sobre a indução e propagação de gemas adventícias de *Aloe vera* L
2005	Baksha et al	Micropropagação de *Aloe barbadensis* Mill

2006	Compestrini et al	Protocolo de clonagem de *Aloe vera* L como um caso de estudo para a biotecnologia "à medida" dos pequenos agricultores.
2006	Tanabe e Horiuchi	*Aloe barbadensis* Mill Cultura autotrófica *ex vitro.*
2006	Albanyl et al	Uma metodologia para a propagação em bordadura *de* *Aloe vera* L
2007	Hosseini e Parsa	Micropropagação de *Aloe vera* L cultivada no Sul do Irão.
2007	Ahmed et al	Desenvolvimento de gemas adventícias de *Aloe vera* L
2007	Chaplot	Micropropagação de *Aloe vera* através de explante de ponta de rebento.
Aloe chinensis **(Haw) Berger**		
2004	Liao et al	Micropropagação de *aloé chinês.*
Aloé ferox		
1988	Racchi	Cultura *in vitro* para estudar a biossíntese de produtos secundários em *Aloe ferox.*
Aloe polyphylla **(Schonland ex Pillans)**		
2001	Abrie e Staden	Micropropagação de *Aloe polyphylla*, em vias de extinção.
Aloepretoriensis **Pólo Evans**		
1975	Groenewald et al	Formação de calos e regeneração de plantas a partir de tecido de sementes de *A.pretoriensis.*

Os presentes estudos sobre *Aloe barbadensis* Mill foram efectuados para estabelecer um protocolo de micropropagação através de

a. Seleção do explante adequado, preparação, esterilização e transferência para o meio nutritivo para estabelecimento da cultura

b. Multiplicação de rebentos através de proliferação. Também para estudar a taxa de multiplicação durante as subculturas

c. Indução do enraizamento nos rebentos gerados

d. Endurecimento de plântulas para a sua transferência para o campo

Também foram efectuadas subculturas para avaliar o efeito do recipiente de cultura na taxa de multiplicação de rebentos.

Micropropagação de *Aloe barbadensis* Mill: Uma das abordagens da cultura de tecidos de plantas

Foi conseguida uma micropropagação rápida de *Aloe barbadensis* Mill a partir de explantes de pontas de rebentos cultivados em meio MS suplementado com BAP (1 mg/l), NAA (0,5 mg/l) e ácido cítrico (10 mg/l). Após 3rd subculturas, foram obtidos quase 10-15 rebentos múltiplos no espaço de quatro semanas. No entanto, a proliferação nas subculturas subsequentes diminuiu. Os rebentos desenvolvidos também demonstraram indução de raízes em meio contendo 0,7 mg/l de NAA. As plântulas assim geradas foram processadas através de um procedimento de endurecimento para aclimatação e transferência para o solo. Através deste procedimento, foram geradas cerca de 42 plântulas a partir de um explante em três subculturas (total de 4 meses). As plantas cultivadas *in vitro* eram semelhantes à planta-mãe no que respeita à morfologia geral.

MATERIAIS E MÉTODOS DE MICROPROPAGAÇÃO

A técnica *in vitro* de micropropagação envolve o isolamento, a inoculação e a regeneração de plantas a partir de explantes em condições assépticas e controladas em recipientes de cultura contendo meio nutritivo sintético. Tanto a composição química do meio como as condições ambientais controladas (luz, temperatura, humidade, arejamento, etc.) controlam eficazmente a expressão de qualquer potencial genótipo ou fenótipo no explante.

1. Requisitos:

A técnica de micropropagação *in vitro* requer os seguintes elementos

A. Instalações e equipamentos:

i. Câmara de fluxo laminar de ar

ii. Autoclave (horizontal ou vertical) ou panela de pressão

iii. Frigorífico

iv. Balança eletrónica
v. Medidor de pH
vi. Forno de ar quente
vii. Banho-maria com controlo de temperatura
viii. Dessecadores
ix. Termómetro de máxima e mínima
x. Sala de cultura
xi. Pulverizador manual
xii. Unidade de destilação de água
xiii. Microscópio de dissecação

B. Vidraria:

Frascos cónicos, balões volumétricos, provetas, béqueres, pipetas graduadas, petridishes, varetas de vidro, tubos de ensaio, recipientes de cultura, etc.

C. Diversos:

Folhas de alumínio, tabuleiros, folhas de papel absorvente, agulhas, fórceps, lâminas cirúrgicas, bisturis, espátulas, algodão não absorvente, tecido de calibre, suportes para tubos de ensaio, etc.

D. Sala de cultura:

Todas as actividades de transferência foram realizadas em capela de fluxo laminar de ar estéril. A sala de cultura foi esterilizada e climatizada, tendo sido controladas a temperatura, a intensidade da luz e a humidade. Os recipientes de cultura foram colocados sob luz de tubo fluorescente com fotoperíodo de 16 horas e a temperatura foi mantida a 24°C±1 (Gamborg et al, 1996).

E. Material vegetal:

As plantas de *Aloe barbadensis* Mill que crescem no jardim botânico do Government Science College de Gandhinagar foram utilizadas como material de base nos meses de setembro, outubro e dezembro.

2. Metodologia geral:

A técnica de micropropagação foi seguida com diferentes etapas.

A. Lavagem e esterilização de objectos de vidro.

B. Esterilização das mãos.

C. Preparação da solução de reserva.

D. Preparação e esterilização do meio.

E. Seleção e isolamento de explantes.

F. Esterilização da câmara de fluxo de ar laminar.

G. Esterilização e inoculação de explantes no meio.

H. Protocolos para a multiplicação de rebentos a partir de meios de cultura estabelecidos.

I. Subcultura de múltiplos rebentos.

J. Transferência dos rebentos para o meio de indução de raízes.

K. Endurecimento das plântulas para transferência para o campo.

A. Lavagem e esterilização de objectos de vidro:

A esterilização por calor seco numa estufa (Biondi et al, 1981) e a esterilização por ácido foram utilizadas para o material de vidro e os instrumentos metálicos. Na maioria das experiências, foram utilizados tubos de vidro Borosil (150×25 mm), frascos erlenmeyer (150, 250 e 100 ml) e garrafas de compota. O material de vidro contaminado ou os recipientes de cultura usados foram autoclavados para descontaminação e o meio de ágar liquefeito foi deitado fora. Em seguida, foram mergulhados em ácido crómico (0,5%) durante uma noite. Em seguida, foram lavados com uma solução de sabão, seguida de lavagem com água corrente da torneira. Em seguida, foram lavados com água bidestilada e secos numa estufa (80-100°C). Os outros acessórios necessários, como o meio, a preparação de explantes, pipetas, placas de Petri, béqueres, pinças, bisturis, etc., foram embalados individualmente com papel de embrulho ou folha de alumínio. Todos os objectos de vidro e instrumentos foram autoclavados a 121°C, 15 psi (15 min).

B. Esterilização das mãos:

As mãos foram lavadas com sabão e com água suficiente. Em seguida, foram enxugadas com etanol a 70%.

C. Preparação de soluções de reserva:

As soluções-mãe ou as soluções concentradas dos componentes dos meios, individualmente ou em grupos, foram preparadas com bastante antecedência e utilizadas posteriormente em vários lotes de meios. A solução-mãe deve ser preparada antes da experimentação, porque a dissolução dos diferentes componentes durante a preparação dos meios consome muito tempo. É necessário dissolver completamente cada constituinte em água bidestilada antes de adicionar o outro, caso contrário ocorre precipitação. Em seguida, as soluções devem ser colocadas em frascos autoclavados e armazenadas no frigorífico. As soluções de reserva do meio Murashige e Skoog (MS) (Quadro 6) foram preparadas e utilizadas para estes estudos.

Composição dos meios nutritivos:

A atividade vital de uma célula é a absorção de nutrientes através da membrana celular e a rápida proliferação em inúmeras células. White (1939) observou o crescimento ilimitado de tecidos radiculares isolados quando lhes foi fornecido um meio nutritivo contendo sais inorgânicos, sacarose, vitaminas, hormonas de crescimento e alguns aminoácidos.

i. Minerais inorgânicos:

Os nutrientes inorgânicos incluem macro-nutrientes (por exemplo, azoto, fósforo, potássio, cálcio, magnésio e enxofre) sob a forma de sais em grande quantidade e microelementos (por exemplo, boro, molibdénio, cobre, zinco, manganês, ferro e cloreto). Foi preparada antecipadamente uma solução de reserva concentrada, que foi finalmente adicionada ao meio conforme necessário. Para ultrapassar o problema da solubilidade, a solução de reserva de ferro foi preparada numa forma quelatada como o sal de sódio do etileno diamina tetra acetato férrico (Fe-EDTA).

ii. Componentes orgânicos:

Os compostos orgânicos servem como fonte de carbono e energia. São utilizados em concentrações elevadas (20-30g/l). A sacarose e a D-glucose (hidratos de carbono) são normalmente utilizadas, mas o glicerol e o meso-inositol são também a principal fonte de carbono. Outros compostos orgânicos complexos utilizados são a peptona, o extrato de levedura, o extrato de malte, a água de coco, o sumo de tomate, etc. (Dubey, 1993).

iii. Hormonas de crescimento:

São conhecidas várias hormonas de crescimento que estimulam as actividades biológicas em materiais de cultura.

a. Auxinas

Uma caraterística comum das auxinas é a sua propriedade de induzir a divisão celular. Na natureza, as hormonas deste grupo estão envolvidas em actividades como o alongamento do caule, os entrenós, o tropismo, a dominância apical, a abscisão e o enraizamento. As várias auxinas diferem na sua atividade fisiológica e na medida em que se movem através dos tecidos ou se ligam às células. O composto mais frequentemente utilizado e altamente eficaz é o ácido 2, 4-diclorofenoxiacético (2, 4-D). Outras auxinas utilizadas incluem o ácido α-naftalenoacético (NAA), o ácido indol-3-acético (IAA), o ácido indol-3-butírico (IBA), o ácido 2,4,5-triclorofenoxiacético (2,4,5-T) e o piclorame (ácido 4-amino-3,5,6-

tricloropicolínico). As auxinas são geralmente dissolvidas em etanol ou NaOH diluído.

a. Citocininas

As citocininas são derivados da adenina e têm um papel importante na indução de rebentos. Os compostos mais frequentemente utilizados são a cinetina, a benzil adenina (BA), a zeatina e a isopenteniladenina (2iP). Estas substâncias têm como principal objetivo a divisão celular, a modificação da dominância apical e a diferenciação dos rebentos. As citocininas são geralmente dissolvidas em HCl ou NaOH diluídos.

c. Outras hormonas

As giberelinas são de menor importância; contudo, o GA3 foi utilizado no meristema apical (Morel e Muller, 1964). As giberelinas geralmente inibem a formação de raízes adventícias e de rebentos. O ácido abscísico é um regulador de crescimento importante para a maturação da embriogénese. O etileno é produzido por células em cultura, mas o seu papel na cultura de células e órgãos ainda não está claramente demonstrado.

v. Vitaminas:

As vitaminas são necessárias em quantidades vestigiais, uma vez que catalisam o sistema enzimático das células. A vitamina B1 (tiamina) é a vitamina mais comummente utilizada em todas as culturas de tecidos vegetais. Outros grupos de vitaminas, que estimulam o crescimento, são a niacina (ácido nicotínico), a vitamina B2 (riboflavina), a vitamina C (ácido ascórbico) e a biotina.

vi. Agentes solidificadores:

O ágar (um polissacárido obtido a partir de algas marinhas, ou seja, algas vermelhas, *Gelidium amansii*) é mais frequentemente utilizado como agente solidificante ou gelificante. Os géis de ágar não reagem com os constituintes do meio e não são digeridos pelas enzimas vegetais. Geralmente, utiliza-se 0,5-1% de ágar para formar o gel. Antes da utilização do ágar, a gelatina (10%) tinha sido utilizada como agente gelificante. O inconveniente da gelatina é o facto de derreter a baixa temperatura (25° *C)*.

D. Preparação e esterilização do meio:

Os sais inorgânicos, os oligoelementos, uma fonte de carbono, as vitaminas e os reguladores de crescimento constituem um meio nutritivo definido. Podem ser adicionados outros componentes para fins específicos, nomeadamente compostos azotados inorgânicos, ácidos orgânicos e aminoácidos ou quaisquer extractos/sumos naturais. A formulação básica de nutrientes desenvolvida por Murashige e Skoog (1962) foi utilizada em todos os estudos.

Além disso, os meios foram suplementados com reguladores de crescimento. A preparação de 1 litro de meio MS envolve os seguintes passos

i. Misturaram-se 50 ml de solução-mãe principal, 50 ml de solução-mãe secundária, 50 ml de solução-mãe de ferro e 10 ml de solução-mãe de vitaminas num copo esterilizado com água bidestilada (AD) suficiente.

ii. Em seguida, foram adicionados 100 mg de meso-inositol, 2 mg de glicina e 30 g de sacarose.

iii. Foram ainda adicionados 1 mg de BA, 0,5 mg de NAA e 10 mg de ácido cítrico.

iv. O pH do meio foi ajustado para 5,8 por adição gota a gota de NaOH 0,1N ou HCl 0,1N num medidor de pH.

v. Por fim, foram adicionados 8 g de ágar-ágar ao volume final.

vi. Em seguida, aquecer o meio com agitação intermitente até o ágar se dissolver completamente.

vii. O meio foi distribuído em tubos de ensaio (15 ml cada) e imediatamente tapados com tampões de algodão não absorventes.

viii. O meio foi esterilizado em autoclave (a uma temperatura de 121°C durante 20 minutos).

ix. Após a esterilização, o meio esterilizado foi mantido durante pelo menos 1 dia à temperatura ambiente. Em seguida, foram transferidos para a sala de cultura até serem utilizados para inoculação.

E. Isolamento e preparação de explantes:

As ventosas de 4 cm de plantas de *Aloe barbadensis* Mill com um ano de idade *foram* colhidas no Jardim Botânico do Government Science College de Gandhinagar. Os rebentos foram imediatamente colocados em DW esterilizado. O material vegetal fresco trazido para o laboratório foi imediatamente lavado com água corrente da torneira para o libertar do solo e de outras substâncias aderentes. As folhas exteriores do *Aloé* foram excisadas uma a uma, até se deixarem de fora as duas folhas mais interiores. Esse material vegetal isolado foi deixado num copo com água destilada esterilizada.

F. Preparação da câmara de fluxo de ar laminar e dos equipamentos:

O procedimento de inoculação foi efectuado numa câmara de fluxo laminar de ar estéril. A superfície foi limpa primeiro com savlon e depois com etanol a 70% antes de ser utilizada. Depois, foi ainda esterilizada durante 1 hora com radiação UV antes da inoculação. Equipamentos como pinças, bisturi, lâmina cirúrgica, béqueres estéreis, placas de Petri e recipientes de cultura foram mantidos na câmara de fluxo laminar de ar antes da esterilização com radiação UV. O sistema de pressão de ar positiva foi aplicado imediatamente antes da inoculação.

G. Esterilização e inoculação de explantes:

Após a esterilização por UV da campânula, todo o procedimento de esterilização dos explantes e inoculação foi efectuado numa câmara de fluxo de ar laminar.

A técnica de esterilização por chama foi utilizada para a esterilização dos equipamentos, que eram continuamente utilizados durante o trabalho. Equipamentos como pinças, bisturis, lâminas cirúrgicas, etc. foram mantidos embebidos em etanol a 70-80%, seguido de esterilização por chama repetidamente.

A ponta extrema do rebento foi isolada dos explantes de rebentos com uma lâmina esterilizada. O corte foi aplicado a 0,3 a 0,5 mm abaixo da ponta da cúpula e a ponta de rebento excisada foi removida e imediatamente inoculada no meio (Fig. 5a).

Foram seguidos os seguintes passos para a esterilização da superfície dos explantes de forma rotineira

i. O explante foi tratado com 1% (w/v) de Bavistin (5 min)

ii. Enxaguado cuidadosamente em água destilada esterilizada (3 vezes)

iii. As duas folhas subjacentes foram removidas e foi preparado um explante com cerca de 2 cm de comprimento de pontas de rebentos

iv. Além disso, foi tratada com uma solução de savlon a 0,1% (1 min)

v. Através de enxaguamento com DW estéril (4 vezes)

vi. Os explantes foram então tratados com etanol a 50% (30 segundos)

vii. Através de enxaguamento com DW estéril (3 vezes)

viii. Por fim, os explantes foram tratados com cloreto de mercúrio a 0,1% ($HgCl_2$) durante 5 minutos e enxaguados com DW estéril (5 vezes)

As mãos foram lavadas com etanol a 70% no início e repetidamente durante o procedimento de inoculação.

Os explantes esterilizados foram então inoculados no meio com a ajuda de pinças esterilizadas sobre a chama de uma lâmpada de álcool. Depois, os recipientes de cultura foram imediatamente tapados e marcados para qualquer especificação. As culturas foram incubadas na sala de culturas. As culturas foram observadas todos os dias para detetar qualquer sinal de contaminação, inchaço e crescimento.

H. Protocolo de multiplicação de rebentos:

Após 4 semanas de inoculação da ponta do rebento, o ápice excisado desenvolveu-se num rebento (Fig. 5c). As subculturas desses rebentos foram efectuadas através da remoção do botão apical para promover o desenvolvimento de botões axilares. A parte inferior do explante foi aparada para remover tecido necrótico e transferida para o mesmo meio de cultura fresco para o desenvolvimento de botões axilares e, finalmente, para rebentos múltiplos (Fig. 6d). O meio de cultura utilizado para a proliferação de rebentos foi MS suplementado com 1 mg/l BA e 0,5 mg/l NAA.

Após intervalos de 4 semanas, foram registados os rebentos múltiplos formados. Desta forma, foram efectuadas cinco subculturas regulares com um intervalo de 4 semanas e os dados foram registados.

I. Transferência dos rebentos para um meio de indução de raízes:

Os rebentos bem desenvolvidos foram separados individualmente de culturas de rebentos múltiplos com incisões de bisturi. Esses rebentos individuais foram transferidos para um meio de indução de raízes. O meio utilizado foi o meio MS suplementado com 0,7 mg/l NAA, um meio de enraizamento. Após 7 dias, observou-se o enraizamento dos rebentos. Após 4 semanas foram observadas plântulas bem desenvolvidas (Fig-8c).

J. Transferência de rebentos enraizados para endurecimento:

As plântulas desenvolvidas foram lavadas suavemente em água para remover os meios aderentes e mergulhadas em Bavistin a 1% (p/v) (10 min). As plântulas tratadas foram então plantadas em copos de termocol contendo uma mistura de solo, areia e composto (1:1:1) (Fig. 9a). As plântulas foram submetidas a um endurecimento em condições de estufa, num túnel forrado com uma folha de plástico de 2-3 mm de espessura (Fig. 9b). As plantas foram irrigadas primeiro com meio e depois com água (com base nos níveis de humidade do solo). As plantas foram também pulverizadas com um jato de água de pulverização fina para manter uma boa humidade no túnel.

Quadro-6: Soluções-mãe de meio MS (Murashige e Skoog, 1962)

Não.	Componentes	1x Estoque	10x Ação	Volume Para 1 litro
(A)	**Principais acções**	**em gm**	**Em gm**	**50ml**
1	Nitrato de amónio $(NH_4\ NO)_3$	1.650	16.50	
2	Nitrato de potássio $(KNO)_3$	1.900	19.0	
3	Nitrato de cálcio $(CaCl)_2$	0.440	4.40	
4	Sulfato de magnésio $(MgSO)_4$	0.370	3.70	
5	Fosfato de potássio monobásico $(KH_2\ PO)_4$	0.170	1.70	
(B)	**Estoque menor**	**em mg**	**em mg**	**50ml**
1	Iodeto de potássio (KI)	0.83	8.3	
2	Ácido bórico $(H_3\ BO)_3$	6.20	62.0	
3	Sulfato de manganês $(MnSO)_4$	22.30	223.0	
4	Cloreto de cobalto $(CoCl)_2$	0.025	0.25	
5	Sulfato de zinco $(ZnSO)_4$	8.6	86.0	
6	Molibdato de sódio $(Na_2\ MoO)_4$	0.25	2.5	
7	Sulfato de cobre $(CuSO)_4$	0.025	0.25	
(C)	**Estoque de ferro**			**50ml**
1	EDTA de sódio (Na_2 -EDTA)	37.3	373	
2	Sulfato férrico $(FeSO)_4$	27.8	278	
(D)	**Vitamina em stock**			
1	Ácido nicotínico	0.5	5	
2	Piridoxina-HCl	0.5	5	
3	Tiamina-HCl	0.1	1	
(E)	**Meso-inositol**			**100mg**
(F)	**Glicina**			**2mg**
(G)	**Sacarose**			**30g**
(H)	**Ágar-ágar**			**8g**

RESULTADOS DAS EXPERIÊNCIAS

A cultura de tecidos de plantas ou a cultura asséptica de células, tecidos e órgãos é, para além da multiplicação *in vitro* de rotina trabalhada em laboratório, um instrumento importante em estudos básicos e aplicados. As culturas de tecidos são potencialmente valiosas para o estudo da biossíntese de metabolitos primários e secundários e podem também vir a constituir um meio eficiente de produzir produtos vegetais comercialmente importantes.

Foram efectuados estudos sobre a propagação *in vitro* de *Aloe barbadensis* Mill (Ahmed et al, 2007; Hosseini e Parsa, 2007; Albonyl, 2006; Tanabe e Horiuchi, 2006; Compestrini, 2006; Aggarwal e Barna, 2004; Fattahi et al, 2004; Wenping et al, 2004; Araujo et al, 2002; Chaudhuri e Mukundan, 2001; Zhou et al,1999; Tripathi e Bitallion, 1995; Hirimburegama e Gamage, 1995; Corneanu et al, 1994; Kawai et al, 1993; Meyer e Staden, 1991; Roy e Sarkar, 1991; Gui et al,1990; Lucia et al, 1990; Sanchez et al, 1988; Castorena et al, 1988; Racchi,

1988; Groenwald et al, 1975).

1. Seleção do explante:

A maior parte do trabalho publicado sobre estudos de micropropagação de *Aloe* descreveu factores que afectam a proliferação de gemas axilares utilizando principalmente caules subterrâneos como explantes (Gui et al, 1990; Zhao, 1990; Roy e Sarkar, 1991; Kawai et al, 1993; Corneanu et al, 1994; Hirimburegama e Gamage, 1995). Esses explantes sofrem de contaminação de nível relativamente alto e secreção prolongada de substâncias fenólicas *in vitro*. Em alguns relatórios, as sementes (Groenewald et al, 1975; Racchi, 1988; Abrie e Staden, 2001) e os meristemas (Sanchez et al, 1988) foram utilizados como explantes para a indução de calos, levando ao estudo da biossíntese de metabolitos secundários *de Aloe.*

A utilização de explantes de ponta de rebento para a micropropagação de *Aloe barbadensis* Mill foi comunicada anteriormente (Hosseini e Parsa, 2007; Ahmed et al, 2007; Baksha et al, 2005; Aggarwal e Barna, 2004; Meyer e Staden, 1991; Gui et al, 1990; Lucia et al, 1989).

Para os presentes estudos, foram utilizados explantes de pontas de rebentos para iniciar as culturas. Estes explantes foram isolados de rebentos colhidos no jardim botânico do Government Science College de Gandhinagar. Os rebentos (de um único clone) com 4-6 folhas foram utilizados como planta-mãe.

Os rebentos apicais contêm meristemas quiescentes ou activos, dependendo do estado fisiológico da planta (Razdan, 1993). O meristema apical mantém-se e dá origem a um novo órgão de tecido e comunica através de sinais com o resto da planta (Medford, 1992). O meristema apical de um rebento é a porção distal ao primórdio da folha mais jovem (Cutter, 1985) e tem cerca de 100 µm de diâmetro e 250 µm de comprimento (Quak, 1977) com 800-1200 células.

O método de cultura de pontas de rebentos tem tido mais êxito em plantas herbáceas devido à fraca dominância apical e à forte capacidade de geração de raízes, em comparação com espécies lenhosas. Além disso, recomenda-se a cultura de pontas de rebentos em crescimento ativo devido ao seu forte potencial de crescimento e à ausência de qualquer agente patogénico (Chawla, 2002). Devido a estas vantagens da cultura de pontas de rebentos, a ponta de rebentos de *Aloe barbadensis* Mill foi utilizada como explante para a multiplicação de plantas *in vitro*.

2. Esterilização da superfície:

Durante a micropropagação em grande escala de algumas plantas, certos tipos de contaminantes microbianos (bactérias e fungos) de crescimento lento persistem mesmo após a esterilização inicial da superfície dos explantes. Tais contaminantes (*Pseudomonas/Erwinia/Bacillus)* podem persistir durante muitas gerações sem serem notados e causar grandes perdas de culturas (Knauss e Miller, 1978). É provável que tais culturas acabem contaminadas se o inóculo ou explante utilizado não for obtido de material vegetal devidamente desinfectado. A esterilização completa de material vegetal é difícil porque, no processo de esterilização, o material vegetal vivo não deve perder a sua atividade biológica. Apenas os contaminantes bacterianos ou fúngicos devem ser eliminados.

Registou-se um problema grave de contaminação por fungos durante o estabelecimento de explantes *de Aloe* no meio. Por conseguinte, foram tomadas precauções adicionais para evitar a contaminação. Neste estudo, os explantes foram submetidos a um processo de esterilização de superfície com pré-tratamento (tabela 7). Após cada tratamento, os explantes foram lavados com água destilada estéril (3-4 vezes).

Os explantes submetidos a este pré-tratamento antes da esterilização de superfície à base de HgCl2 (0,05%; 5min) apresentaram excelentes resultados. Este pré-tratamento ajudou a reduzir a taxa de contaminação e mostrou um controlo máximo da contaminação. Cerca de 95% dos explantes conseguiram sobreviver com este processo de esterilização.

Tabela-7: Pré-tratamento do explante para esterilização da superfície

Passo	**Química**	**Concentração (%)**	**Duração (min)**
1	Bavistina	1	5
2	Savlon	0.1	2
3	Etanol	50	0.5

3. Escurecimento dos explantes:

As plantas são ricas em compostos polifenólicos. Após a lesão do tecido durante a dissecação, esses compostos são oxidados por polifenol oxidases e o respetivo tecido torna-se castanho ou preto e necrótico após 3-4 semanas de incubação. Sabe-se que os produtos de oxidação inibem a atividade enzimática, escurecem os tecidos e o meio de cultura, seguido de necrose dos tecidos, o que afecta gravemente o estabelecimento do explante.

As plantas *de Aloé* são ricas em compostos fenólicos que afectam o crescimento de culturas *in vitro* e causam o escurecimento do explante e do meio circundante. O escurecimento, especialmente durante o estabelecimento do explante, é o principal fator limitante. A exsudação de fenólicos (acastanhamento) impede o crescimento das culturas. Para evitar a exsudação de fenóis, foram adicionados antioxidantes como o ácido ascórbico e o PVP ao meio de cultura. Anteriormente, foram registados suplementos semelhantes em *Aloe barbadensis* Mill (Roy e Sarkar, 1991; Liao et al, 2004; Chaplot, 2004). Em muitas outras plantas, tais como *Madhuca latifolia* (Singh et al, 1992) e *Anacardium occidentale* (Sudripta et al, 1999), foi relatada a adição de antioxidantes para aliviar o problema do escurecimento. Chaplot (2004) utilizou ácido ascórbico (0,08 gm/l) no meio com resultados positivos. Neste estudo, pelo contrário, foi adicionado ácido cítrico (10 mg/l) ao meio para aliviar o efeito do escurecimento em *Aloe*. Sob a influência deste produto químico, os explantes *de Aloé* raramente se tornaram castanhos. Resultados semelhantes foram registados em estudos anteriores (Aggarwal e Barna, 2004).

4. Estabelecimento do explante:

Todas as manipulações experimentais foram efectuadas em condições assépticas (em capela de fluxo laminar). Os explantes esterilizados foram inoculados com sucesso no meio de crescimento para multiplicação. A regeneração de rebentos a partir do nó axilar de *Aloe* foi registada por Meyer e Staden (1991). Lucia et al (1990) relataram muito pouca regeneração de rebentos em meio contendo 2, 4-D e Kin (2-3 μM). Aggarwal e Barna (2004) relataram apenas 5 rebentos por cultura a partir de explantes de ponta de rebento no meio líquido contendo 1 mg/l BA e 0,2 mg /l IBA e 10 mg/l de ácido cítrico. Isto indica que os requisitos hormonais para a formação de rebentos axilares a partir de diferentes explantes parecem ser diferentes para a mesma espécie.

No presente estudo, foi utilizado MS suplementado com BA (1 mg/l), NAA (0,5 mg/l) e ácido cítrico (10 mg/l) para o estabelecimento de explantes de pontas de rebentos (Fig. 5a). Chaudhuri e Mukundan, (2001) tinham relatado a indução de rebentos em *Aloe barbadensis* Mill com uma concentração elevada de hormonas de crescimento BA (44,4 μM), AS (160 μM) e IBA (0,49 μM) utilizando explantes de ponta de rebento. Da mesma forma, Abrie e Staden (2001) registaram o maior número de rebentos (7-9) em meio suplementado com 1 mg/l BA. Baksha et al (2005) registaram 10 rebentos múltiplos por planta em *Aloe barbadensis* Mill a partir de explantes de ponta de rebento cultivados em meio MS suplementado com BA (2 mg/l) e NAA (0,5 mg/l). Aggarwal e Barna (2004) registaram a maior multiplicação de explantes de ponta de rebento *de Aloe barbadensis* Mill em meio contendo 1 mg/l BA e 0,2 mg/l NAA. Estes estudos sobre a cultura da ponta de rebento *de*

Aloe barbadensis Mill indicaram claramente que uma concentração baixa de BA (1-2 mg/l) é suficiente para a taxa máxima de multiplicação. Liao et al (2004) e Baksha et al (2002) referiram que uma combinação de BA e NAA aumentou a proliferação de rebentos múltiplos a partir de explantes de pontas de rebentos (Wenping et al, 2004).

Geralmente, as citocininas promovem a divisão celular se forem adicionadas juntamente com uma auxina. Em concentrações mais elevadas (1 a 10 mg/l), a formação de rebentos adventícios é induzida, mas a formação de raízes é geralmente inibida. Isto promove a formação de rebentos axilares ao diminuir a dominância apical (Chawla, 2002). Assim, no presente estudo, a combinação de duas hormonas BA (1 mg/l) e NAA (0,5 mg/l) foi utilizada para obter o número máximo de rebentos por explante. Além disso, o antioxidante (ácido cítrico) utilizado no meio MS também ajudou a aumentar a proliferação de rebentos (Aggarwal e Barna, 2004). Com base nisto, nos presentes estudos, observou-se uma multiplicação máxima com 13-15 rebentos múltiplos por cultura (Fig. 7), em comparação com estudos anteriores. Todas as culturas foram incubadas em sala de cultura a 25±1°C com fotoperíodo de 18 horas. Foram registadas observações diárias. As culturas contaminadas foram descartadas após a devida descontaminação por autoclavagem.

5. Regeneração de disparos:

Inicialmente, os explantes da ponta do rebento tornaram-se verdes em 7-10 dias de incubação (Fig. 5b). Após 25 dias de cultura, um pequeno rebento verde era claramente visível e também começou a produzir novas folhas (Fig. 5c). Simultaneamente, também se registou a multiplicação de rebentos. Os explantes de ponta de rebento produziram inicialmente três a cinco rebentos na base do explante (Fig. 6b). Na fase de estabelecimento, os explantes podem desenvolver-se num único rebento ou em rebentos múltiplos. É improvável que o explante da ponta do rebento do meristema tenha suficiente citocinina endógena para suportar o crescimento e o desenvolvimento.

Assim, nesta fase, foi utilizado um meio suplementado com citocinina, como 1 mg/l BA, 0,5 mg/l NAA, para o crescimento da ponta do rebento. Uma vez que o ápice do rebento jovem é um local ativo para a biossíntese de auxina, a auxina exógena nem sempre é necessária, mas a sua baixa concentração é suficiente para o processo de formação do rebento. Em quatro semanas, um rebento inteiro regenerou-se a partir de uma pequena ponta de rebento. Lucia et al (1990) referiram que o meio basal suplementado apenas com citocinina não podia promover a regeneração *in vitro* de *Aloe barbadensis* Mill. Por outro lado, Richwine et al (1995) conseguiu estimular a regeneração de rebentos em *Aloe barbadensis* Mill utilizando zeatina ribose.

6. Multiplicação de tiros:

Como já foi referido, uma combinação de BA e NAA aumentou a proliferação de rebentos múltiplos a partir da cultura de pontas de rebentos (Wenping et al, 2004; Liao et al, 2004). No presente estudo, o meio MS suplementado com 1 mg/l BA, 0,5 mg/l NAA demonstrou uma multiplicação máxima de rebentos. Em contrapartida, um género da mesma família, *Chlorophytum*, exigiu uma concentração muito elevada de 22,2 μM BA para a regeneração de rebentos. Também foi relatado que a maior multiplicação de rebentos em *Aloe barbadensis* Mill ocorreu em meio MS contendo BA (1 mg/l) e IBA (0,2 mg/l) (Aggarwal e Barna, 2004). Em contraste, BA sozinho (2 mg/l) foi considerado eficaz para a proliferação de rebentos em *Aloe barbadensis* Mill (Chaudhuri e Mukundan, 2001; Tanabe e Horiuchi, 2006). Verificou-se que a adição de ácido cítrico ao meio MS aumentou a proliferação de rebentos em *Aloe barbadensis* Mill no presente estudo. Do mesmo modo, o ácido acético também foi utilizado como antioxidante, o que contribuiu para a proliferação de rebentos (Ahmed et al, 2007; Hosseini e Parsa, 2007). Anteriormente, Abrie e Staden (2001) observaram a necessidade de apenas BA para a proliferação de rebentos noutra espécie de *Aloe (A. polyphylla)*.

Tabela-8: Resposta do explante durante as primeiras 4 semanas de incubação.

Dias de incubação	**Resposta a explosões**
0	Explante fresco
7	Pigmentação verde
15	1st emergência de folhas
22	2nd emergência de folhas
25	3rd emergência de folhas
30	Várias filmagens

Além disso, a decapitação aumentou a proliferação de rebentos. Após quatro semanas de incubação (1st subcultura), os rebentos foram decapitados (Fig-5e), os rebentos adventícios laterais foram separados e transferidos para o meio fresco. A ponta do rebento decapitado foi novamente cultivada no meio fresco para uma maior proliferação de botões de rebentos. Este processo é designado por subcultura-I.

A multiplicação de rebentos foi induzida por decapitação e remoção das folhas desenvolvidas. Isto levou ao desenvolvimento de botões adventícios à volta do rebento decapitado (Fig-6a). Estes botões desenvolveram-se em rebentos jovens (2-3 cm) com 2 folhas em 4 semanas (Fig-5c). Isto resultou na remoção da dominância apical do rebento e promoveu a proliferação do rebento. A concentração de BA também ajudou a aumentar a ramificação de brotos laterais a partir das axilas das folhas.

No prazo de quatro semanas de incubação, os rebentos subcultivados proliferaram com 2 a 4 folhas. Esses rebentos foram separados e subcultivados no mesmo meio que a subcultura-П.

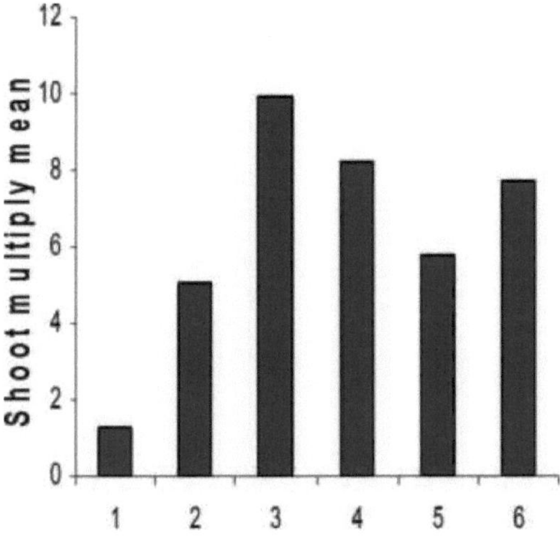

Fig-4: Efeito da subcultura na multiplicação de ***Aloe barbadensis*** Mill

A suscetibilidade aos componentes da cultura e, consequentemente, a reação de um explante, pode mudar com o tempo em cultura e o número de subculturas. No mesmo meio, rebentos axilares originalmente produtivos podem produzir rebentos adventícios abundantes após um certo número de subculturas. Um número ilimitado de subculturas aumenta a ocorrência de variações epigenéticas e mutações, que por vezes só podem ser reconhecidas no campo de produção ou na estufa. Geralmente, 10-12 subculturas são consideradas como um máximo (Dixon e Gonzales, 1994).

As subculturas no mesmo meio, que produziram um grupo de rebentos, foram separadas em pedaços e cada um foi subcultivado individualmente no meio fresco. A fase de multiplicação foi reciclada várias vezes (S4-S5) para produzir um número ilimitado de rebentos (Fig. 7). Neste estudo, foram efectuadas 5 subculturas com um intervalo de quatro semanas. A inoculação e o estabelecimento de 70 pontas de rebentos produziram mais de 3000 plântulas após 5th subculturas. O número de rebentos múltiplos aumentou com o aumento das subculturas. Na subcultura-3, obteve-se o maior número de rebentos (13-15) (Fig. 7). Após 3rd subculturas, a taxa de multiplicação de rebentos demonstrou uma tendência decrescente (Fig. 4). Baksha et al (2005) relataram que, após 4th subcultivos, a taxa de multiplicação de rebentos permaneceu constante. A proliferação de rebentos em tubo de ensaio, frasco cónico e garrafa é mostrada na Fig-7, respetivamente.

A Análise de Variância foi calculada entre múltiplos de plantas e diferentes subculturas (Tabela-10).

Quadro-10 Resumo da análise de variância

Fonte de variação	**Soma de quadrados (SS)**	**Grau de liberdade (DF)**	**Quadrado médio (MS)**
Total	711.41	38	
Grupos	482.47	5	96.49
Erro	288.95	35	8.25

Então,

F= Grupos EM ÷ Erro EM

= 96.494÷ 8.25

= 11.69

A^n d $F0_{.05\ (1),\ 5,\ 35}$= 2· 49

Uma vez que o valor observado de F (11,69) é maior do que o valor de F a 5% em DF n1=5, n2=38, o resto é altamente significativo, indicando assim que há uma diferença significativa nos múltiplos de plantas entre as diferentes subculturas.

7. Alongamento de rebentos:

As fitohormonas, presentes no meio durante a iniciação dos rebentos, desempenharam um papel significativo principalmente durante o processo de alongamento dos rebentos. O alongamento dos rebentos foi observado no espaço de uma semana. Quando os rebentos atingiram uma altura de 3-4 cm, foram transferidos para o meio de enraizamento. A auxina exógena não promove a proliferação de rebentos axilares; no entanto, é utilizada numa concentração baixa. O objetivo é multiplicar o efeito supressivo da concentração elevada de citocinina no alongamento dos rebentos axilares e restaurar o crescimento normal dos rebentos.

8. Enraizamento de rebentos *in vitro*:

O enraizamento de plantas produzidas por meio de cultura de tecidos foi um passo importante. Estudos anteriores indicam que a iniciação *de novas* raízes depende de um rácio baixo de citocinina para um rácio alto de auxina. Uma vez que os requisitos hormonais para o meio de multiplicação eram opostos a este equilíbrio particular. Numerosos estudos indicaram que o NAA seguido de IBA, IAA, 2,4D e outras auxinas são utilizados para a indução da regeneração de raízes (Chawla, 2002).

Foram separados vários rebentos (4 cm) da cultura *in vitro* para a indução de raízes. Os rebentos foram cultivados individualmente em meio de enraizamento. Neste estudo foram utilizados dois tipos de meio de enraizamento. O meio basal MS de força total com e sem hormona foi utilizado para a indução de raízes.

No meio basal MS sem hormonas, a formação de raízes foi muito pobre, apenas 2-3 raízes se formaram por rebento e as raízes eram muito finas (Fig-8b).

O meio de enraizamento continha meio MS completo suplementado com 0,7 mg/l de NAA e 10 mg/l de ácido cítrico. Neste meio, a iniciação da raiz começou dentro de 6-7 dias após a incubação (Fig-8a). Alguns investigadores anteriores também utilizaram NAA em diferentes concentrações para a iniciação das raízes. Baksha et al (2005) utilizaram 0,5 mg/l de NAA; Liao et al (2004) utilizaram 0,2 mg/l de NAA em meia força de meio MS. Resultados semelhantes também foram obtidos por Ahmed et al (2004). Da mesma forma, IAA e IBA também foram utilizados para a iniciação de raízes (Abrie e Staden, 2001; Chaplot, 2005 e Aggarwal e Barna, 2004). Em muitos outros estudos, também foi utilizado o meio basal MS com reguladores de crescimento (Meyer e Staden, 1991; Velcheva et al, 2005; Hosseini e Parsa, 2007). Meia força do meio MS também foi utilizada em alguns estudos para enraizamento de rebentos em *Aloe barbadensis* Mill (Baksha et al, 2005; Chaplot et al, 2005). Aggarwal e Barna (2004) registaram 2-8 raízes por rebento em meio basal MS de força total em *Aloe barbadensis* Mill. Neste estudo, o número máximo de raízes por rebento (5-6) foi alcançado num período de 10 dias. Cem por cento dos rebentos mostraram enraizamento neste meio. O comprimento das raízes e o número de raízes aumentaram com a duração da cultura. As raízes eram de cor esbranquiçada e tinham 1-6 cm de comprimento (Fig-8c).

9. Aclimatização das plantas:

As plântulas com raízes em crescimento ativo foram transferidas para vasos contendo três tipos diferentes de mistura de solo. A micropropagação em grande escala só pode ser bem sucedida quando as plantas, depois de transferidas da cultura para o solo, apresentam uma elevada taxa de sobrevivência e o custo envolvido neste processo é baixo. As plantas de cultura de tecidos apresentam geralmente algumas anomalias estruturais e fisiológicas, como uma fraca eficiência fotossintética e um mau funcionamento dos estomas. Estas caraterísticas, bem como um modo heterotrófico de nutrição e um mecanismo deficiente de controlo da perda de água (Razdan, 1993). Por conseguinte, a transferência de plântulas propagadas *in vitro* para uma mistura de vasos e a sua aclimatação requerem vários métodos para endurecer as plântulas.

As plantas foram cuidadosamente removidas do meio, tratadas com 0,5% de bavistina, que pode proteger as plântulas da infeção fúngica em estufa. Em seguida, foram transferidas para copos de termocol contendo uma mistura de areia, terra e estrume (1:1:1) (Fig. 9a). Depois, foram imediatamente irrigadas com uma solução nutritiva inorgânica e mantidas sob humidade elevada durante os primeiros 10-15 dias. Isto é necessário porque as plântulas durante a cultura estão adaptadas a quase 90-100% de humidade (Razdan, 1993). A humidade pode ser acumulada à volta das plantas transplantadas, cobrindo-as com uma folha de polietileno durante duas semanas (Fig. 9b). As plantas foram geralmente expostas a uma humidade baixa, removendo as coberturas (Fig. 9c) e transferidas para a estufa. No presente estudo foi registada uma taxa de sobrevivência de 23%.

Todas as plantas enraizadas foram endurecidas com sucesso na estufa. Não foram observadas quaisquer anomalias morfológicas visíveis nas plantas regeneradas, em comparação com o controlo. Também foi revelado que as plantas regeneradas eram morfologicamente semelhantes à planta-mãe. Este facto era esperado, sabendo que o método de micropropagação utilizado neste estudo (método da ponta de rebento e do botão axilar) não produz normalmente somaclones (Ahmed et al, 2007).

CONCLUSÕES

Aloe barbadensis Mill, conhecida como "*Kumari*" na Ayurveda. Trata-se de uma importante erva medicinal perene pertencente à família Liliaceae. As folhas *do Aloé* contêm metabolitos secundários muito úteis, como os derivados do antraceno, que se apresentam livres ou sob a forma de glicosídeos. Esta planta é amplamente utilizada em toda a Índia e também em todo o mundo. Por causa disso, *o Aloé* tem actividades anti-inflamatórias, anti-cancerígenas, anti-virais, anti-bacterianas, de reforço do sistema imunitário e de eliminação de parasitas (Reynolds e Dweck, 1999).

O Aloe barbadensis Mill é uma xerófita que, sendo resistente, pode ser cultivada em todos os tipos de solos. O nosso estado, Gujarat, tem grandes extensões de clima árido, que podem ser utilizadas para o cultivo extensivo de *Aloe barbadensis* Mill.

Na natureza, a propagação da *Aloe barbadensis* Mill faz-se principalmente por meio de rebentos. Mas a taxa de propagação é lenta, uma vez que uma única planta pode produzir apenas 3-4 rebentos num ano.

Devido à sua grande exploração e ao aumento constante da procura, a taxa de produção de plantas *de Aloé* é insuficiente para a plantação comercial. Por conseguinte, é necessário efetuar um cultivo de *Aloé* em grande escala. A cultura de tecidos vegetais está a tornar-se mais popular como meio alternativo de propagação vegetativa de plantas.

A micropropagação ou multiplicação clonal é um aspeto específico da cultura de tecidos vegetais que trata da multiplicação vegetativa asséptica de plantas *in vitro*. A sua aplicação consiste em produzir um grande número de plantas assépticas fiéis ao tipo num período de tempo e espaço limitados.

O presente estudo inclui a técnica de cultura de tecidos de plantas - Propagação clonal - para alta frequência e melhor sobrevivência em condições de campo.

A metodologia seguiu os seguintes passos:

i. As pontas dos rebentos de *Aloe barbadensis* Mill foram utilizadas como explantes.

ii. Os explantes foram tratados com fungicidas e antibióticos para evitar a contaminação.

iii. Em cada transferência, os explantes foram lavados com água destilada estéril.

iv. Os explantes esterilizados foram inoculados no meio de nutrição em condições assépticas.

v. Todos os recipientes de cultura foram mantidos numa sala de cultura a 25±1°C sob luz de tubo fluorescente com fotoperíodo de 16 horas.

vi. As subculturas foram efectuadas com um intervalo de 3-4 semanas.

vii. Os resultados foram registados após 4 semanas de cultura.

viii. Os cachos de rebentos foram separados e transferidos para o meio de enraizamento.

ix. As plântulas bem desenvolvidas foram transferidas para aclimatação.

x. Para a aclimatação, as plântulas foram colocadas em vasos térmicos contendo mistura para envasamento.

xi. Depois de endurecerem à temperatura ambiente, as plantas foram mantidas em estufas.

xii. Finalmente, transferiu-os para o terreno.

xiii. Todos os passos foram dados com muito cuidado.

Singularidade da experiência:

i. A série de soluções de esterilização deu os melhores resultados para um controlo máximo da contaminação.

ii. Inicialmente, um ápice excisado deu origem a uma única plântula.

iii. A taxa de propagação dependia dos botões germinados formados na base do rebento ou no nó do caule.

iv. A multiplicação foi obtida por decapitação de rebentos regenerados *in vitro*.

v. A decapitação foi necessária para quebrar a dominância apical e estimulou o crescimento de gemas axilares em rebentos.

vi. MS suplementado com 1 mg/l BA, 0,5 mg/l NAA e 10 mg/l ácido cítrico mostrou a multiplicação máxima com 13-15 rebentos por cultura.

vii. Era necessária uma subcultura frequente.

viii. O número de rebentos aumentou com o aumento do número de subcultivos.

ix. Em 3rd subcultura, foi obtido o maior número de rebentos (13-15).

x. Após 3rd subcultura, a taxa de multiplicação de rebentos diminuiu.

xi. MS suplementado com 0,7 mg/l NAA deu o melhor resultado no enraizamento. Até 5-6 raízes foram iniciadas por rebento.

xii. Após o endurecimento, cerca de 23% das plântulas sobreviveram.

Finalmente, pode concluir-se que o presente estudo pode ser utilizado para a multiplicação em massa, bem como para a conservação desta importante planta medicinal.

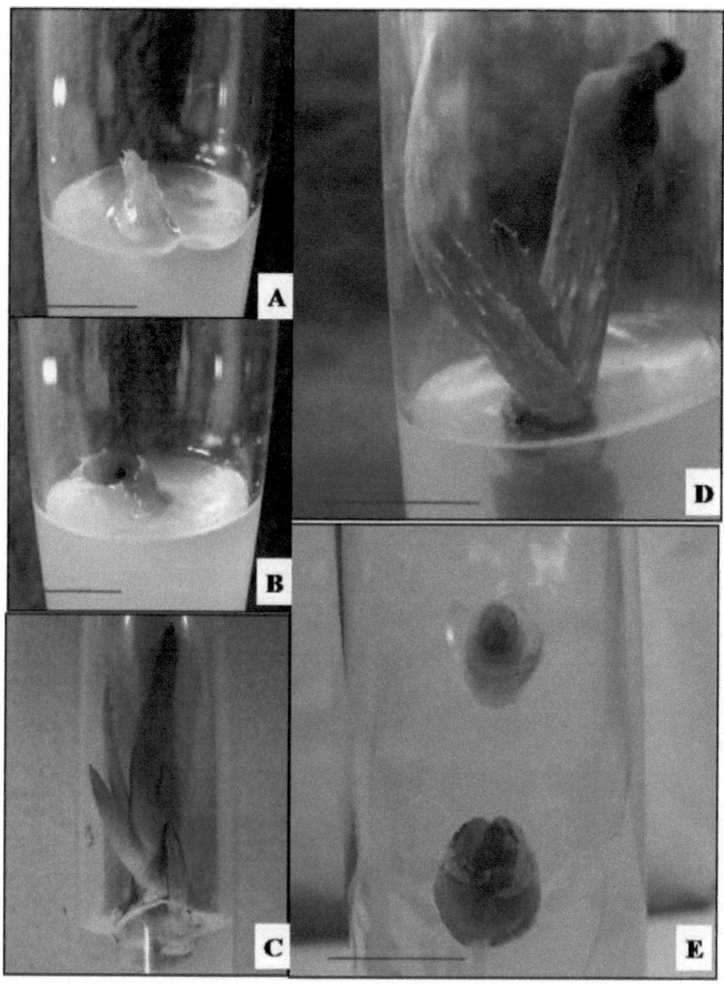

Fig-5

A. Um explante inicial de ponta de rebento (*Aloe barbadensis* Mill) cultivado *in vitro* em meio MS suplementado com 1 mg/l BA + 0,5 mg/l NAA

B. Explante de ponta de rebento após 2 semanas de incubação.

C. Rebento regenerado *in vitro* após 3 semanas de incubação.

D. Rebento regenerado *in vitro* após 4 semanas de incubação.

E. Rebentos decapitados cultivados em meio de cultura.

A barra horizontal em cada fotografia é igual a 1 cm.

Fig-6

A-Brotos brotados do nó de um rebento decapitado.

B - Botões adventícios brotaram da base do rebento subcultivado - c. Os botões adventícios desenvolveram-se em rebentos jovens em 4 semanas. I).Proliferação de rebentos em meio MS após 2nd subcultura.

A barra horizontal em cada fotografia é igual a 1 cm.

Fig-7

Multiplicação de rebentos em 3rd subcultura em vários recipientes de cultura-

A. Balão cónico

B. Frasco de compota

C. Multiplicação em grande escala

A barra horizontal em cada fotografia é igual a 1 cm.

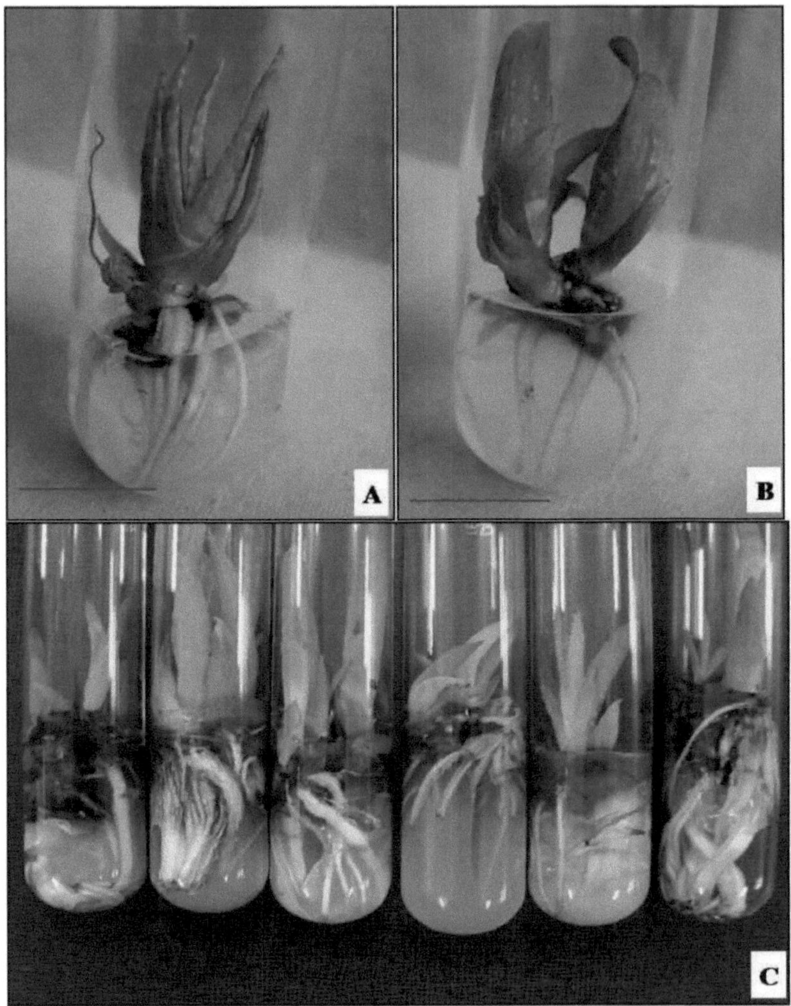

Fig-8

AJovens *in vitro* com formação de raízes (após 4 semanas de incubação)

B. Rebentos enraizados em meio MS basal.

Plântulas *CJn vitro* com rebentos e raízes saudáveis.

A barra horizontal em cada fotografia é igual a 1 cm.

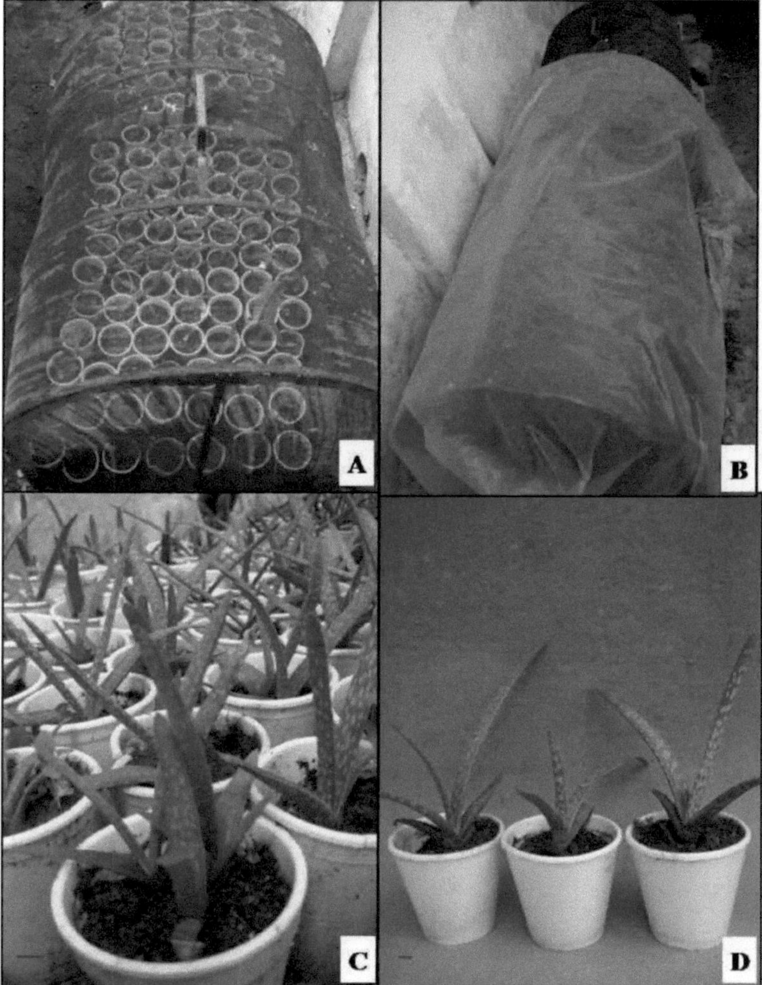

Fig-9

A-Plântulas transferidas para copos de termocol contendo uma mistura de areia: solo: composto (1:1:1) e mantidas em túnel.

B. O túnel é coberto com uma folha de plástico (para manter a humidade).

C. Endurecimento em grande escala de plântulas *de Aloé.*

D. As plantas endurecidas prontas para serem transferidas para o campo.

A barra horizontal em cada fotografia é igual a 1 cm.

Fig-10: Representação esquemática da multiplicação *in vitro* de *Aloe barbadensis* Mill.

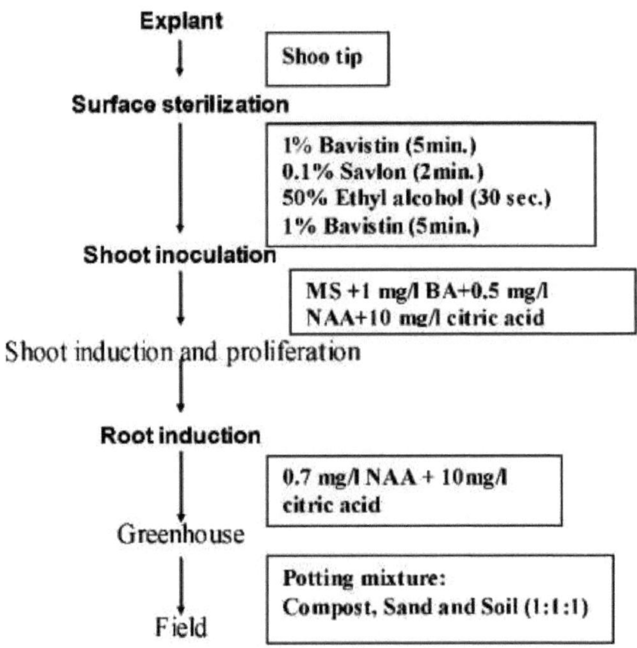

REFERÊNCIAS

Abrie AL e Staden JV (2001), Micropropagação de *Aloe polyphylla*, Plant Growth Regu, 33: 19-23.

Aggarwal D e Barna KS (2004), Tissue culture propagation of Elite Plant of *Aloe vera*, J Plant Biochem and Biotech, 13: 77-79.

Ahlawat ST, Singh UV e Deori ML (1999), Micropropagação através da cultura de pontas de rebentos de árvores maduras de *Morus laevigata* (Wall), In: Abst vol of Natl Symp on Role of Plant Tissue Culture in Biodiversity Conservation and Economic Development, Plant Institute of Himalayan Environment and Development, Almora, pp: 5.

Ahmed S, Kabir AH, Ahmed MB, Razvy MA e Ganesan S (2007), Development of rapid micropropagation method of *Aloe vera* L, J Izvarni Znastveni Rad, UDK, 1: 547631.

Albonyl NJ, Vilchez S, Lion MM e Chacin P (2006), A methodology for micropropagation in edge *Aloe vera* L, Rev Fac Agron, 23: 213-222.

Anónimo (1994), General questions and answers on biotechnology, Ottawa food protection and inspection branch, Agriculture and agri-food Canada, In: Anónimo (1976), The Wealth of India- Raw materials, CSIR New Delhi, Índia, 1A: 191.

Araujo PS, Silva JMO, Neckl C, Lansson C, Oltramani AC, Passons R, Tiepo E, Bach DB, and Maraschin M (2002), Micropropagation *de babosa (Aloe vera)*-biotecnologia de plantas medicinais- biotecnologia, Ciencia e Desenvolvimento, 25: 54-57

Bajaj YPS, Farmanowa M e Olszowka O (1988), Biotechnology in Agriculture and Forestry: Plantas Medicinais e Aromáticas vol-4, In: Bajaj YPS (Eds), Springer, Verlag, Berlim, pp: 60-103.

Baksha R, Ara Akhtar Jahan M, Khatun R e Munshi JL (2005), Micropropagação de *Aloe barbadensis* Mill, Plant Tissue Cult & Biotech, 15: 121-126.

Ball E (1946), Development in sterile culture of stem tips and adjacent regions of *Tropaeolum majus* L and *Lupinus albus* L, Am J Bot, 33: 301-318.

Beak SL e Dunlap RW (2001), Micropropagation of The *Acacia* sp, A review, *In vitro* Cell Dev Bio-Plant, 37: 531-538.

Bergmann L (1960), Growth and division of single cells of higher plants *in vitro,* J Gen Physiol, 43: 841-851.

Bhat B, Venkatesh VB, Gupta MG e Kumar S (2000), Micropropagação do híbrido de elite de *Leucaena,* In: Abst vol of Natl Symp on prospects and potentials of plant biotechnology in India on the 21st century and 23rd Annual meeting of PTCA, JNV University, Jodhpur, pp:50.

Bhattacharya R e Bhattachrya S (2001), High frequency *in vitro* propagation of *Phyllanthus amarus* Schum and Thom by shoot tip culture, Ind J Exp Biol, 39: 11841187.

Biondi S e Thorpe TA (1981), efeitos dos reguladores de crescimento, alterações de metabolitos e respiração durante a iniciação de rebentos em explantes de cotilédones em cultura de *Pinus radiate,* Bot Gaz, 143: 20-25.

Bourgin JP e Nitsch JP (1967), Obtention de *Nicotiana* haploides a partir d'etamines cultivees *in vitro*, Ann Physiol Veg, 9: 377-382.

Capasso F e Donatelli L (1982), Farmacognosia Le droghe dell, FUI Piccin, Padova, Itália, In: Baksha R, Ara Akhtar Jahan M , Khatun R e Munshi J L (2005), Micropropagação de *Aloe barbadensis* Mill, Plant Tissue Cult & Biotech, 15: 121-126.

Carlson P (1972), Methionine sulfoximine resistant mutants of tobacco, J Sci, 180: 1366.

Castorena I, Natali L e Cavallini A (1988), *In vitro* culture of *Aloe barbadensis* Mill morphogenetic ability and nuclear DNA content, Plant Sci Irish Replic, 55: 53-59.

Chand S e Ramawat KG (2000), Plant Biotechnology, S chand and company Ltd, New Delhi, India.

Chaplot B (2007), Documentation Techno-Economy Survey of Medicinal Plant Diversity of Gujarat State and Implications in Global Market Including Biotechnological Approaches For_Multiplication, tese de doutoramento, The Maharaja Siyajirao University of Baroda, Gujarat, Índia.

Chaudhuri S e Mukundan U (2001), *Aloe barbadensis* Mill micropropagation and characterization of its gel phytomorphology, 51: 155-157.

Chawla HS (2002), A Handbook Of Introduction To Plant Biotechnology, Oxford and IBH Publ, New Delhi, India.

Chopra RN, Nayar SL e Chopra IC (1956), Glossary of Indian Medicinal Plants, CSIR, Nova Deli, Índia.

Compestrini LH, Kuhen S, Lemos PMM, Bach DB, Dias PF e Maraschu M (2006), Cloning protocol of *Aloe vera* as a study-case for "Tailor-made" biotechnology to small farmers, J Technol Manag and Innov, 1: 76-79.

Corneanu M, Cormeanu G, Badica C, Minea R, Bica D e Vekas L (1994), *In vitro* organogenesis of *Aloe arborescens* (Liliaceae), Revue Romaine de Biologic, 39: 45-52.

Cutter EG (1965), Recent experimental studies of the shoot apex and shoot morphogenesis,

Bot Rev, 31: 7-113.
Dixon RA e Gonzales RA (1994), Plant Cell Culture: A Practical Approach, Oxford University Press, Nova Iorque, EUA.
Dubey RC (1993), A Text book of Biotechnology, Rajendra Ravindra Printers (Pvt) Ltd, Nova Deli, Índia.
Fairbrain JW (1949), The active constituents of the vegetable purgatives containing anthracene, J Pharmacol, 1: 683-694.
Fattahi M J, Hamid O Y, and Fotouchi G R (2004), Introduction of the most suitable culture media for micropropagation of a medicinal plant *Aloe (Aloe barbadensis* Mill*)*, Iran J Hortic Technol Sci, 5: 71-80.
Gamborg OL e Phillips GC (1995), Plant Cell Tissue Culture and Organ Cultures, Narosa Publishing House, New Delhi, Springer-verlag, Berlin, Heidelberg, In: Raval K (2005), Tissue culture studies on *Musa paradisiaca* L, tese de mestrado, Departamento de Botânica, Escola Universitária de Ciências, Universidade de Gujarat, Ahmedabad, Gujarat, Índia.
Gautheret RJ (1939), Surla possibilite de realiser la culture indefinite des tissue de tubercules de carotte, C R Acad Sci, Paris, 208: 1181-1121.
Groenwald EG, Koeleman A e Wessels DCJ (1975), Callus formation and plant regeneration from seed tissue of *Aloe pretoriensis* Pole Evans, Z Pflanzen physiol, 75: 270-272.
Guha S e Maheshwari SC (1966), Cell division and differentiation of embryos in the pollen grains of *Datura in vitro*, Nature, 212: 97-98.
Gui YL, Xu TY, Gu SR, Liu SQ, Zhangh Z, Sun GD e Zhang Q (1990), Studies on stem tissue culture and organogenesis of *Aloe vera*, Ata Bot Sci, 32: 606-610.
Haberlandt G (1902), Culturesuchemit isolietea pflanzellen. Sitzungsher, Math Naturwiss, Kl Kais Akad Wiss Wien, 111: 69-92.
Hirimburegama K e Gamage N (1995), Multiplicação *in vitro* de pontas de meristema *de Aloe vera* para propagação em massa, Hor Sci, 27: 15-18.
Hosseini R e Parsa M (2007), Micropropagação de *Aloe vera* L cultivada no Sul do Irão, J Pak Biol Sci, 10: 1134-1137.
Jasrai YT, Ramakanthan A e Kannan VR (1998), Propagação *in vitro* de *Gmelina, Vitex e Emblica*, In: Abst vol of Natl Symp on commercial aspects of plant tissue culture, Molecular biology and madicinal plant biotechnology, Jamia Hamdard, New Delhi, pp: 16.
Jones LE, Hildebranlt AC, Riker AJ e Wu JH (1960), Growth of somatic tobacco cells in

microculture, Am J Bot, 47: 468-470.

Kannan RV (1998), Tissue Culture Studies With Trees, Clonal multiplication, Tese de Doutoramento, Universidade Maharaja Siyajirao de Baroda, Gujarat, Índia.

Kapoor LD (1990), Hand book of Ayurvedic Medicinal Plants, CRC Press New York, USA.

Kathiravan K, Prakash S, Sehadri S e Ignacimuthu S (2000), Multiplicação *in vitro* da *árvore Cannan- ball (Courupita guianensis),* In: Abst vol of Natl Symp on prospects and potentials of plant Bio-technology in India on the 21st century and 23rd annual meeting of PTCA, JNV University, Jodhpur, pp: 56.

Kawai K, Beppu H, Hoike T, Fujita K e Maruouch T (1993), Cultura de tecidos de *Aloe arborescens* Mill var natalensis Brger, Phytother Res, 7: 5-10.

Keijzer CJ e Cresti M (1987), A comparison of anther tissue development in male sterile *Aloe vera* and male fertile *Aloe ciliaris,* Ann Bot, 59: 533-542.

Knauss JF e Miller JW (1978), A contaminant *Erwinia carotovara,* affecting commercial plant tissue cultures. In Vitro, 14: 754-756.

Kogl F, Haagen Smit AJ e Erxleben M (1934), Uberein neues auxin (hetero-auxin) aus Harn, Z Physiol Chem, 228: 90-103.

Kokate CK, Purohit AP e Gokhale SB (1997), Pharmacognosy-General Introduction, Nirali prakashan, Pune, India.

Koshy T e Gupta R (2002), Barriers under pestle, Down to Earth, 7: 40-42.

Krikorian AD e Berquam DL (1969), Plant Cell and Tissue Culture: The Role of Haberlandt, Bot Rev, 35: 59-88.

Krithikar KR e Basu BD (1975), Indian Medicinal Plants, Indological and oriental publishers, Deli, Índia.

Larkin PJ e Scowcoft WR (1981), Somaclonal variation - a novel source of variability from cell cultures for plant improvement, Theor Appi Genet, 60: 197-214.

Liao ZH e Tan F (1999), The pharmaceutical effects of *Aloes*, Foreigen medicine, Plant Medicine, 14: 148-150.

Linsmair EM e Skoog F (1965), Organic growth fator- requirements of *tobacco* tissue culture, Physiol Plant, 18: 100-127.

Lucia N, Sanchez IC e Cavallini A (1989), *In vitro* micropropagation of *Aloe barbadensis* from vegetative meristem, Plant Cell Tissue and Organ Culture, 20: 71-71.

Maxam AM e Gilbert W (1977), A new method for sequencing DNA, Proc Natl Acad Sci

USA, 74: 560-564.

Medford JI (1992), Vegetative apical meristems, Plant Cell, 4: 1029-1034.

Meyer HJ e Van Staden (1991), Rapid *in vitro* propagation of *Aloe barbadensis* Mill, Plant Cell Tissue and Organ Culture, 26: 167- 171.

Mhatre M e Rao PS (1998), Plant Tissue Culture- Current Trends and Prospects, In: Advance In Plant Physiology, Hemantranjana Sci Publ, Jodhpur, India, pp: 72-101.

Morel G (1960), Producing virus free *Cymbidium*, Amer Orch Soc Bull, 29: 495497.

Morel G e Martin C (1952), *Guerison de dahlias* atteints d'une madadic a virus, C R Acad Sci (Paris), 235: 1324-1325.

Morel G e Muller JF (1964), La Lecture *in vitro* du meristence apical de la pomme de terre, C R Acad Sci (Paris), 258: 5250-5252.

Mullis KB, Faloona F, Scharf SJ, Saiki RK, Horn GT e Erlich HA (1986), Specific enzymatic amplification of DNA *in vitro*: the polymerase chain reaction, Cold Spring Harbor Symp, Quant Biol, 51: 263-273.

Murashige T (1974), Plant propagation through tissue culture, Avn Rev Plant Physiol, 25: 135-166.

Murashige T e Skoog F (1962), A revised medium for rapid growth and bioassays with tobacco tissue cultures, Physiol Plant, 15: 473-497.

Nath S e Buragohain AK (2003), *In vitro* method for propagation of *Centella asitica* L Urban by shoot tip culture, J Plant Biochem and Biotech, 12: 167-169.

Ownes LD e Smigocki AC (1990), Regulation of genes in differentiation, In: Bhojwani SS, "Plant Tissue Culture: Application and Limitation", (Ed) Elsevier Science Publishers, Netherlands, pp: 136-160.

Pandey BP (2003), Texonomy of Angiosperms, S Chand and Company Pvt Ltd, New Delhi, India, 2: 467-470.

Power JB, Cummins SE e Cocking EC (1970), Fusion of isolated plant protoplast, Nature (London), 225: 1016-1018.

Quak F (1977), Meristem culture and virus free plants, In: Reinert J e Bajaj YPS, Applied and Fundamental Aspects of Plant Cell, Tissue and Organ Culture, Springer Verlag, Berlin, pp: 598-615.

Racchi ML (1988), Using *in vitro* culture to study the biosynthesis of secondary products in *Aloe ferox*, Rivista di Agrocultura subtropicale e Tropicale, 82: 707-714.

Raina MK (1982), *Aloe*, In: Cultivation and utilization of medicinal plants, RRL, CSIR, Jammu-Tawi, Índia, In: Chaplot B (2007), Documentation Techno-Economy Survey of Medicinal Plant Diversity of Gujarat State and Implications in Global Market Including Biotechnological Approaches For_Multiplication, Ph.D. Thesis, Maharaja Siyajirao University of Baroda, Gujarat, India.

Rajor S, Shardana J e Batra A (2002), Clonagem *in vitro* de *Jatropa curcus* L, J of Plant Biol, 29: 195-198.

Raste EP e Bhojwani SS (1998), *In vitro* clonalpropagation of *bamboo,* In: Srivastav PS, Plant Tissue Culture and Molecular Biology- Applications and Prospects, Narosa Publ House, New Delhi, pp: 538-553

Razdan MK (1993), Clonalpropagation, In: An Introduction to Plant Tissue Culture, Oxford and IBH Publishing Co Pvt Ltd New Delhi, India, 1: 263-296.

Reinert J e Bajaj YPS (1988), Applied and Fundamental Aspect of Plant Cell Tissue and Organ Culture, Narosa Publishing House, Springer Verlage, Berlin, pp: 598-615.

Reynolds GW (1982), The *Aloes* of South Africa, A Balkema Cape Town, pp: 194-196.

Reynolds GW (1966), The *Aloes* of Tropical Africa and Madagascar, The *Aloe* Book Fund, The trustees of the *Aloes* book fund, Mbabane, Swaziland, In: Velcheva M, Faltin Z, Vardi A, Eshdat Y e Perl A (2005), Regeneration of *Aloe arborences* via somatic organogenesis from young inflorescences, Spring Netherlands, 83: 293-301.

Reynolds T e Dweck AC (1999), *Aloe vera* Leaf Gel: A review update, J Ethnopharmacol, 68: 33-37.

Richwine AM, Tipton JL e Thompson GA (1995), Establishment of *Aloe*, *Gasteria* and *Haworthia* shoot cultures from inflorescence explants, J Hort Sci, 30: 1443-1444.

Roy P, Mamun ANK e Ahmed G (2004), *In vitro* plantlets regeneration of *Rose,* Plant Tissue Culture, 14: 149-154.

Roy SC e Sarkar A (1991), Regeneração *in vitro* e micropropagação de *Aloe vera* L, J Sci Hort, 47: 107-113.

Sanchez LC, Lucia N e Cavallini A (1988), *In vitro* culture of *Aloe barbadensis* Mill morphogenetic ability and nuclear DNA content, J Plant Sci, 55: 53-59.

Sapre AB (1975), Meiosis and pollen mitosis in *Aloe barbadensis* Mill (A. *perfoliata* var *vera* L, *A. vera* Auth non Mill), Cytec, 40: 525-533.

Sharma AK, Sharma M e Chaturvedi HC (1999), Conservation of phytodiversity of

Azadiracta indica A Juss through *in vitro* strategies, In: Abst vol of Natl Symp on role of plant tissue culture in biodiversity conservation and economic development, G B Plant Institute of Himalayan Environment and Development, Almora, pp: 60.

Singh HP, Sanjay S, Saxena RR e Singh R (1992), Pretreatment of nodal segments for *in vitro* establishment and bud activation of *Madhuca latifolia,* J Plant Physiol and Biochem, 19: 116-122.

Skoog F e Miller CO (1957), Chemical control of growth and organ formation, Symp Soc Exp Biol, 11: 118-131.

Sudripta D, Timir BJ e Sumita J (1999), Factores que afectam o desenvolvimento *in vitro* de eixos embrionários de castanha *de caju,* Sci Hort, 82: 135-144.

Takabe I, Labid G e Melchers G (1971), Regeneration of whole plants from isolated mesophyll protoplasts of tobacco, Naturwissen, 58: 318-320.

Tanabe M J e Horichi K (2006), *Aloe barbadensis* Mill cultura autotrófica *ex vitro*, J Hawahan Pacific Agric, 13: 55-59.

Tiwari SK, Kashyap MK, Ujjaini MM e Aggarwal AP (2001), Micropropagação *in vitro* de *Lagerstromia parviflora* Roxb da árvore abuit, Ind J Exp Biol, 40(2): 212-215.

Tripathi BK and Bitallion C (1995), *In vitro* plant regeneration of *Hedychium roxburgii* blume through rhizome meristem culture, J Hort Sci, 4: 11-17.

Van Overbeek J (1941), Conklin ME and Blakslee AI (1941), Factors in coconut milk essential for growth and development of very young *Datura* embyos, J Science, 94: 350351.

Velcheva M, Faltin Z, Vardi A, Eshdat Y e Perl A (2005), Regeneration of *Aloe arborences* via somatic organogenesis from young inflorescences, Spring Netherlands, 83: 293-301.

Wendell L e Combest (2000), *Aloe vera*, tese de doutoramento, Departamento de Ciências Biofarmacêuticas, Shenandoah, University School of Pharmacy, Winchester.

Wenping D, Shi D, Xu L, Yu G e Mili W (2004), Um estudo preliminar sobre a indução e propagação de botões adventícios de *Aloe vera* L no Sudeste da China, J Agricult Sci, 17: 224-227.

Wetmore RH e Morel G (1949), Growth and development of *Adiantum pedatum* L on nutrient agar, Am J Bot, 36: 800-805.

White PR (1939), Potentially unlimited growth of excised plant callus in an artificial medium, J Bot, 26: 231-244.

Zaenen I, Van Larebeke K, Teuchy H, Van Montagu M e Schell J (1974), Supercoiled circular

DNA in crown gall inducing *Agrobacterium* Strains, J Mol Biol, 86: 107-127.

Zhou G Y, Hong Fang D, Min S W e Lei C (1999), Fast asexual propagation of *Aloe vera*, Ata Hortic, 26: 410-411.

Printed by Books on Demand GmbH, Norderstedt / Germany